最爱吃的家常肉菜大全

鸿雁 主编

北京联合出版公司
Beijing United Publishing Co.,Ltd.

图书在版编目（CIP）数据

最爱吃的家常肉菜大全 / 鸿雁主编 . — 北京：北京联合出版公司，
2014.7（2024.3 重印）
 ISBN 978-7-5502-3218-1

Ⅰ . ①最… Ⅱ . ①鸿… Ⅲ . ①家常菜肴 – 荤菜 – 菜谱 Ⅳ . ① TS972.125

中国版本图书馆 CIP 数据核字（2014）第 143322 号

最爱吃的家常肉菜大全

主　　编：鸿　雁
责任编辑：孙志文
封面设计：韩　立
内文排版：刘欣梅

北京联合出版公司出版
（北京市西城区德外大街 83 号楼 9 层　100088）
三河市万龙印装有限公司印刷　新华书店经销
字数182 千字　787 毫米 ×1092 毫米　1/16　15 印张
2014 年 8 月第 1 版　2024 年 3 月第 4 次印刷
ISBN 978-7-5502-3218-1
定价：68.00 元

前言

常有人在餐桌前开玩笑，说自己是"无肉不欢"，"民以食为天，我以肉为先"。的确，从古至今，肉都是人们不可或缺的美食。不论什么人，回家听到厨房里的叮叮当当声，闻着一股股从厨房中飘出的肉香，也会手足绵软，一时忘却自己的身份，不由得将种种与健康有关的告诫抛于九霄云外，大快朵颐去也。

中国饮食博大精深，对各种肉类的料理花样百出，色香味型都很讲究，好吃好看，还兼顾饮食健康。

学做菜，当然要先学如何做肉。肉的种类取之有各种，做法也分得细致，或炒、或烧、或炖、或煎、或蒸……无论哪种烹饪方式，只要选料合理，制作恰当，就能做出一道道诱人美味。

现代生活节奏的加快，让越来越多的人将饭店当成自家厨房。然而，餐馆做菜千篇一律，常下馆子难免厌烦，而且餐馆菜品通常是"大火猛料"制成，有可能导致一些健康问题。要想吃得健康，吃得放心，最好的方法就是回归家庭厨房，回归家常味道。只有家常的味道，才是经典的味道，只有家常的做法，才能将各类肉的腻人之感和那些与健康无益的因素降到最低。

《最爱吃的家常肉菜大全》以家庭做菜为目的，精选近1000例简单易学的家常菜谱，详细介绍猪肉、鸡肉、鸭肉、牛肉、羊肉、水产、海鲜等各类肉菜的烹饪方法。为方便操作，书中附有大量精美图片，所选的菜例皆为简单菜式、常见食材，调料、做法介绍详细，且烹饪步骤清晰，详略得当，读者可以一目了然地了解食物的制作要点。分步详解的图片一看就会，没有复杂繁琐的制作过程，简简单单三四步，好学、好做、好吃、好看，让你在最短时间内轻松掌握厨房秘诀，把握烹饪常识。

　　书中每一道菜的编写完全以当今的饮食观念为基础，注重口味、讲究口感，融美味美感于一菜，一步一步地学，一步一步地做，即使是第一次下厨房，你一定也能做出有模有样、有滋有味的家常肉菜。

　　适合现代人居家饮食的菜谱，普通常用的食材，营养美味的组合，简单实用的烹饪手法，帮助你发现厨房的秘密、烹饪的乐趣，轻松做出属于自己的家常味道。

目录

猪肉——浓香四溢真解馋

鸡肉·鸭肉——香而不腻回味长

牛肉·羊肉——味浓香醇有营养

水产·海鲜——软嫩滑爽低脂肪

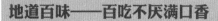

地道百味——百吃不厌满口香

猪肉

——浓香四溢真解馋

从有"正气菜"之称的梅菜扣肉、深受爱美之人追捧的姜醋猪蹄、福州首席名菜之佛跳墙，到家喻户晓的东坡肉、毛家红烧肉、回锅肉、九转大肠、锅塌肉片……——向您展示各个菜系的菜品特色以及制作精髓。开胃又解馋、营养又健康的猪肉菜，让全家人吃得大呼过瘾。

冷水猪肚

材料 猪肚400克

调料 味精3克，盐4克，胡椒粉2克，香油12克，料酒、淀粉、苏打粉、大葱各50克

做法 ❶ 大葱洗净，切丝；猪肚治净，用淀粉抓洗，加入苏打粉拌匀，并腌渍2小时，入沸水锅中，加料酒，汆熟后切条状入碗。❷ 加入香油、胡椒粉、味精、盐调匀，摆上大葱丝即成。

猪腰拌生菜

材料 猪腰200克，生菜100克

调料 盐、味精、酱油、醋、香油各适量

做法 ❶ 将猪腰片开，取出腰筋，在里面剞顺刀口，横过斜刀片成梳子薄片。❷ 将腰片焯至断生后放入凉水中冷却，沥干水分待用；生菜摘洗净，切成3厘米长段备用。❸ 将猪腰和生菜装入碗内，将调味料兑成汁，浇入碗内拌匀即成。

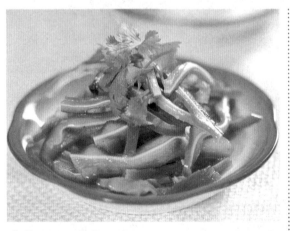

拌耳丝

材料 猪耳朵500克，香菜2棵

调料 生抽10克，醋、辣椒酱、料酒、白糖、红油各5克，盐3克，葱段15克，姜片10克

做法 ❶ 猪耳朵刮洗干净，放入沸水中焯去血水，捞出，再放沸水中煮熟后捞出，冷却后切丝。❷ 将所有调味料一起拌匀成调味汁待用。❸ 将耳丝装入碗中，淋上调味汁拌匀即可。

麻辣耳丝

材料 猪耳350克

调料 盐2克，鸡精1克，花椒、辣椒油、葱、花生、芝麻各适量

做法 ❶ 猪耳洗净，切丝；葱洗净，切段。❷ 锅注油烧热，放入花椒、花生、辣椒油、芝麻炒香，加入猪耳爆炒至熟。❸ 调入盐、鸡精调味，撒上葱花，起锅装盘即可。

太白拌肘

材料 猪肘、凉粉各300克

调料 盐4克，味精2克，酱油8克，泡椒80克，葱花、料酒各10克，姜末、蒜末各15克

做法 ❶ 猪肘治净，切块，放入锅中，加盐、酱油、泡椒、料酒煮熟，沥干水分待用。❷ 凉粉洗净切丁，焯水，摆盘；泡椒剁碎。❸ 将猪肘放入盘中，撒上姜末、蒜末和味精调味，拌匀即可。

五香肘花

材料 猪肘500克

调料 葱段20克，姜片10克，花椒5克，五香粉、香油、酱油各10克，盐5克

做法 ❶ 猪肘带皮治净，入沸水汆过。❷ 将葱段、姜片、花椒、五香粉装入纱袋，放锅中加水烧开，放入猪肘炖烂。❸ 捞出猪肘切成薄片，与酱油、香油、盐一起拌匀，装盘即可。

卤猪肝

材料 猪肝1000克

调料 冰糖70克，盐3克，桂皮、八角、丁香、清水各适量，料酒、酱油各50克，姜5克

做法 ❶ 猪肝洗净，用盐腌渍5分钟，放入沸水锅汆烫，取出沥水。❷ 锅置火上，倒入清水和所有调味料制卤水，待卤水成捞出渣物，放入猪肝，文火煮30分钟。❸ 将卤好的猪肝取出冷却，切片装盘。

猪肝拌豆芽

材料 猪肝、绿豆芽各100克，虾米、姜末适量

调料 白糖、酱油各5克，盐、醋各3克

做法 ❶ 猪肝洗净，切成薄片；绿豆芽择去根洗净备用；虾米用开水泡软。❷ 锅中加入水、盐烧开，将猪肝和绿豆芽焯熟后捞出，装入盘内。❸ 将切好的猪肝片加入所有调味料腌渍入味，加入豆芽，撒上虾米即可。

猪肝拌黄瓜

材料 猪肝300克，黄瓜200克，香菜20克

调料 盐、酱油各5克，醋3克，味精2克，香油适量

做法 ❶黄瓜洗净，切小条；香菜择洗干净，切2厘米长的段。❷猪肝切小片，放入开水中焯熟，捞出后冷却、控净水。❸将黄瓜摆在盘内，放入猪肝、盐、酱油、醋、味精、香油，撒上香菜段，拌匀即可。

拌口条

材料 猪舌（口条）300克

调料 盐5克，味精3克，红油20克，卤水适量，蒜5克，葱6克

做法 ❶将猪舌洗净，放入开水中焯去血水后，捞出；蒜、葱洗净，均切末。❷锅中加入卤水烧开后，下入猪舌卤至入味。❸取出猪舌，切成片，装入碗内，调入盐、味精、红油、蒜蓉、葱末拌匀即可。

酱猪心

材料 猪心1000克

调料 酱油、盐、花椒、大料、红油各5克，桂皮3克，丁香2克，葱花适量，大葱、鲜姜、大蒜各3克

做法 ❶猪心治净，入沸水氽20分钟。❷大葱、鲜姜、大蒜、花椒、大料、桂皮、丁香同装一布袋内，扎紧袋口，与猪心一同入锅，煮至猪心熟透。❸将猪心切片，拌上盐、酱油、红油和葱花即可。

醴陵小炒肉

材料 猪里脊肉300克，五花肉100克

调料 豆瓣酱15克，盐、味精各2克，酱油、红椒、芹菜各适量

做法 ❶猪里脊肉、五花肉、红椒切片，猪里脊肉用酱油腌渍；芹菜切段。❷热锅上油，放入五花肉炒至出油，放入猪里脊肉、芹菜、红椒，加豆瓣酱大火翻炒至熟，调入味精、酱油、盐，出锅盛盘。

豆豉肉末炒尖椒

材料 猪肉500克，红椒、青椒各50克

调料 豆豉30克，盐3克，葱、姜、蒜各6克

做法 ❶猪肉洗净切成末；青椒、红椒洗净斜切成椒圈；葱、姜、蒜洗净切碎。❷锅倒油烧热，下入姜、蒜、豆豉爆香，倒入肉末、青椒、红椒翻炒均匀。❸调入盐炒匀，撒上葱花即可。

筒子骨娃娃菜

材料 筒子骨250克，娃娃菜200克

调料 盐3克，鸡精2克，姜片15克，枸杞适量

做法 ❶筒子骨治净备用；娃娃菜洗净切条；枸杞泡发洗净。❷热锅下油，注入适量清水，加入盐、姜片，放入筒子骨煮至八成熟。❸放入娃娃菜、枸杞煮熟，加入鸡精调匀。

四川熏肉

材料 猪肋条肉1000克

调料 茶叶、葱末、盐、姜末、料酒、香油各适量

做法 ❶肉治净，用盐、葱末、姜末、料酒腌渍半小时。❷锅烧热，下腌肉烧开，焖煮至熟。❸再加入茶叶，小火温熏，待肉上色后，捞出晾凉，切片，淋油装盘即可。

海苔冻肉

材料 海苔80克，猪肉皮120克，红椒适量

调料 蒜蓉、盐、香油、红油各适量

做法 ❶海苔洗净剁碎；猪肉皮治净，汆水，切丁；红辣椒、蒜头洗净，剁碎。❷锅上火，入猪肉皮丁煮至黏稠时，入海苔煮熟，入冰箱冰至凝固，取出切片装盘。❸油锅烧热，放红辣椒、蒜蓉炸香，入盐、香油、红油制成味汁，淋在海苔冻肉上。

脆黄瓜皮炒肉泥

材料 黄瓜皮300克，猪肉100克，红椒50克

调料 味精1克，醋、盐各3克，蒜苗10克

做法 ❶黄瓜皮洗净；猪肉洗净剁成肉泥；红椒洗净切成圈状；蒜苗洗净，切段。❷炒锅倒油烧热，下入红椒、蒜苗炒香，加入肉泥、黄瓜皮翻炒。❸调入醋煸炒，加入盐、味精略炒即可。

酸菜小竹笋

材料 酸菜、罗汉笋各250克，肉末50克

调料 盐8克，味精4克，老抽6克，干椒节10克，姜末、糖、蒜末各5克

做法 ❶酸菜洗净切碎，挤去水分备用。❷罗汉笋洗净切丁，焯水备用。❸锅留底油，下入肉末、姜蒜末炒香，再下入酸菜、罗汉笋，加入其他调味料，炒熟入味即可。

回锅肉

材料 五花肉400克，蒜苗100克

调料 酱油、白糖、料酒、郫县豆瓣少许

做法 ❶蒜苗择洗干净，切马耳朵形。❷猪肉烧皮，去尽残毛，入开水锅中煮至断生，晾冷，切薄片；锅置旺火上，下少许油烧热，下肉片炒至"灯盏窝"状。❸加入料酒，下郫县豆瓣炒至变色，下酱油、白糖、蒜苗节，炒至蒜苗断生，起锅装盘。

酥夹回锅肉

材料 猪腿肉400克，青椒、红椒各1个，蒜苗50克，酥夹20克

调料 郫县豆瓣20克，盐、蒜、料酒各5克，姜1块

做法 ❶青椒、红椒洗净切丝；蒜苗洗净切段。❷猪腿肉煮熟，取出切片，再入锅爆香，加入除酥夹外的原料炒匀，装入盘中。❸将酥夹煎至金黄色，摆在盘边即可。

 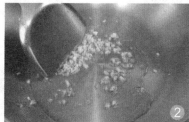 

芽菜烧白

材料 五花肉300克，芽菜50克

调料 盐5克，味精3克，酱油10克，醋少许，姜10克，蒜8克

做法

① 五花肉洗净，入沸水锅煮熟，捞出；芽菜洗净；姜、蒜去皮，洗净切末。

② 五花肉皮用酱油上色，入油锅中将肉皮炸至金黄色，捞出沥油，切成片。另起油锅，爆香姜、蒜末，加入芽菜炒香，盛出。

③ 肉片摆入碗中，上放芽菜，调入盐、味精和少许醋，入锅蒸2小时，取出反扣在盘中即可。

咸烧白

材料 五花肉200克，芽菜末30克

调料 盐、姜粒、葱、生抽、白糖、糖色各3克

做法 ❶猪肉治净，入锅煮至断生，抹上糖色。❷油锅烧热，放入五花肉炸至棕红色，浸软后切片，加糖色、白糖、生抽、盐拌匀。❸肉片摆入蒸碗，碎芽菜加入姜末、葱粒后拌匀，放于肉上面，入笼蒸2小时。

杀猪烩菜

材料 五花肉300克，血肠200克，酸菜各适量

调料 葱、盐、味精各适量

做法 ❶五花肉、血肠洗净切片；酸菜洗净切片；葱治净，切花。❷将肉放入锅中，加水和盐、味精煮出香味，再加入酸菜煮5分钟，下入切好片的血肠。❸撒上葱花即可食用。

水煮肉片

材料 瘦肉200克，芹菜少许

调料 干椒50克，蛋液、花椒、盐、葱、姜、蒜、豆瓣酱各适量

做法 ❶瘦肉洗净切片，裹上蛋液；姜、蒜去皮洗净后切片；葱洗净切花；干椒切碎。❷姜、蒜爆香，加盐炒熟后盛碗。❸油锅烧热，爆香干椒、花椒、豆瓣酱，下芹菜、肉片煮熟，盛入碗中，撒上葱花即可。

大山腰片

材料 猪腰500克，红椒、野山椒各适量

调料 香菜、盐各4克，料酒、酱油各10克，花椒适量

做法 ❶猪腰洗净切片；红椒洗净切圈；香菜洗净切段。❷炒锅注油烧热，放入野山椒、花椒炒香，加入猪腰煸炒至变色，放入红椒同炒，注入适量清水、料酒、酱油煮开。❸最后调入盐调味，撒上香菜段即可。

香爆腰花

材料 猪腰400克，豆豉、青椒、红椒各50克

调料 盐、胡椒粉、酱油、香油各适量

做法 ❶青、红椒均洗净，切菱形片；猪腰洗净，剞麦穗花刀，放入碗内，加入酱油、盐腌渍。❷油锅烧热，下青椒、红椒、豆豉爆香，再放入腰花爆炒。❸加入盐、胡椒粉炒匀，淋入香油即可。

剁椒腰花

材料 猪腰500克，红椒、熟花生米、香菜各适量

调料 生抽、料酒、蒜、熟芝麻、红油、盐各适量

做法 ❶猪腰治净，切片后打花刀，用料酒腌渍，装盘；红椒洗净切圈；蒜去皮洗净切末；香菜洗净切段。❷将盐、蒜、熟芝麻、红油和生抽调成味汁，浇在腰花上，撒上花生米、红椒圈，入蒸锅蒸熟，撒上香菜段即可。

水豆豉腰片

材料 猪腰400克，水豆豉、泡萝卜各50克，泡椒、野山椒及青椒、红椒片各20克

调料 青花椒、料酒、盐

做法 ❶将所有原材料治净；猪腰汆水，切片。❷热锅加油，放入水豆豉、泡椒、野山椒、泡萝卜、青花椒炒香，加入猪腰片同炒片刻，放入青椒、红椒，再加入适量清水和料酒同煮，调入盐，起锅装盘。

辣豆豉凤尾腰花

材料 猪腰350克，豆豉、泡椒、青椒、竹笋各适量

调料 蒜苗、盐、料酒、水淀粉各适量

做法 ❶猪腰治净，改刀成凤尾形，加盐和料酒、水淀粉拌匀；竹笋洗净切块；青椒、蒜苗洗净切段。❷锅加油烧热，放入泡椒、豆豉、蒜苗炒香，再加入猪腰、竹笋、青椒爆炒，调入盐即可。

莴笋烧肠圈

材料 莴笋200克，猪大肠100克，泡红椒适量

调料 盐2克，味精1克，生抽适量，辣椒粉15克

做法 ① 莴笋去皮洗净，切块；猪大肠洗净，切圈；泡红椒洗净。② 油锅烧热，放入猪大肠稍炒，再放入泡红椒、莴笋、辣椒粉炒匀。③ 炒至熟后，放入盐、味精、生抽调味，起锅装盘即可。

青豆烧大肠

材料 青豆100克，猪大肠200克

调料 盐3克，味精1克，酱油12克，豆瓣酱20克

做法 ① 猪大肠洗净，切圈；青豆洗净。② 锅中注油烧热，放入猪大肠炒至变色，放入青豆一起翻炒，再放入豆瓣酱炒匀。③ 炒至熟后，加入盐、味精、酱油调味，起锅装盘即可。

霸王肥肠

材料 猪大肠250克，干红椒100克，熟芝麻5克

调料 盐2克，酱油10克，葱白、姜片、味精少许

做法 ① 猪大肠治净，切成小段，用盐、酱油腌至入味；干红椒洗净待用；葱白洗净，切段。② 油锅烧热，放入猪大肠炸熟，再下干红椒、葱白、姜片炒出香味。③ 调入盐、味精、酱油，撒上熟芝麻即可。

圣女果肥肠

材料 猪大肠400克，圣女果5克，青椒10克

调料 盐3克，酱油2克，蚝油1克，大蒜5克

做法 ① 猪大肠洗净切段；青椒洗净切片；大蒜洗净切碎；圣女果洗净。② 锅中倒油加热，下入蒜末爆香，倒入猪大肠炒熟，下青椒炒匀。③ 加盐和酱油、蚝油炒匀入味，出锅盛盘，放上圣女果装饰即可。

爆炒肥肠

材料 猪大肠300克，蒜苗20克
调料 盐、味精、酱油、辣椒、红油各适量
做法 ❶猪大肠治净，切成小块，用盐、酱油腌渍15分钟；蒜苗洗净，切段；辣椒洗净，切丁。❷炒锅置火上，放油烧至六成热，下入辣椒爆香，放入猪大肠煸炒至香气浓郁。❸下盐、味精、红油、蒜苗调味，翻炒均匀，出锅盛盘即可。

泡椒大肠

材料 大肠300克，泡椒20克，黄瓜200克
调料 辣椒油5克，盐3克
做法 ❶大肠洗净切段，抹上盐腌渍入味；泡椒切段；黄瓜洗净，去皮切块。❷锅中倒油烧热，下入大肠、黄瓜炒熟。❸倒入泡椒和盐炒匀，淋上辣椒油即可出锅。

豆花肥肠

材料 猪大肠400克，豆腐100克，黑木耳50克
调料 花椒粉、葱花、盐、辣椒酱、黄豆各适量
做法 ❶肥肠洗净，煮至七分熟，捞出晾凉，切块；豆腐洗净，汆水装盘；黑木耳洗净；黄豆炸香。❷辣椒酱、花椒粉炒香，肥肠下锅煸炒，下入黑木耳、黄豆翻炒，加清水烧开煮至肥肠熟软，调入盐，出锅放在豆腐上，撒上葱花。

酸菜肥肠

材料 肥肠500克，酸菜、四季豆、青椒、干红椒各适量
调料 盐、蒜各5克，鸡精2克，料酒、醋各适量
做法 ❶肥肠治净，切片；青椒、四季豆洗净，切段；酸菜切小块；干红椒洗净；蒜去皮洗净，切末。❷油锅烧热，入蒜炒香，注入适量清水，放入酸菜烧沸，放入肥肠、四季豆、红椒，加盐、鸡精、料酒、醋调味。❸待肥肠烧至熟，出锅即可。

金城宝塔肉

材料 五花肉500克，芽菜300克，西蓝花50克，荷叶饼6张

调料 老酱汤适量，淀粉10克

做法

① 五花肉洗净，入老酱汤中煮至七成熟捞出；西蓝花洗净，焯水待用；芽菜洗净。

② 五花肉用滚刀法切成片，放入碗中，放上芽菜，淋上老酱汤，入蒸笼蒸2小时。

③ 肉扣在盘中，用西蓝花围边，原汁用淀粉勾芡，淋在盘中，与荷叶饼一同上桌即可。

香辣肠头

材料 猪大肠500克

调料 盐3克，葱10克，花椒5克，料酒、酱油适量，干辣椒10克

做法 ❶大肠洗净切段，用料酒、酱油腌渍；干辣椒、葱洗净，切段。❷油锅烧热，下大肠炸至金黄，捞起待用。❸锅底留少许油，下干辣椒、花椒爆香，放入炸好的大肠炒匀，放入葱段、盐炒香。

回锅腊肠

材料 腊肠400克，蒜苗30克，红椒适量

调料 盐3克，味精1克，酱油、红油各适量

做法 ❶腊肠洗净煮熟，捞起沥干，切片；蒜苗、红椒洗净，切片。❷炒锅注油烧热，放入煮熟的腊肠翻炒，再放入蒜苗、红椒炒匀。❸倒入酱油、红油炒匀，加入盐、味精调味，起锅装盘即可。

水煮腊肠

材料 腊肠500克

调料 盐4克，味精1克，酱油10克，红油15克，干辣椒20克

做法 ❶腊肠洗净，切片；干辣椒洗净，切圈。❷锅中注油烧热，放入腊肠炒至发白，再放入干辣椒炒匀，注入适量清水。❸倒入红油煮至熟，加入盐、味精、酱油调味，起锅装盘即可。

干煸肥肠

材料 猪大肠200克，青椒、红椒片各50克

调料 料酒、胡椒粉、豆瓣酱各5克，花椒适量，干椒100克

做法 ❶肥肠洗净煮熟，切段备用。❷将油放入锅内烧至八成热，放入肥肠炸干，倒出油，放入豆瓣酱、干椒等调味料，直至肥肠炒干水分。❸放入青椒、红椒翻炒至熟，起锅即可。

川味腊肠

材料 腊肠300克

调料 葱、蒜各5克，醋、红油各适量

做法 ❶腊肠洗净待用；葱洗净，切花；蒜去皮洗净，切末。❷蒸锅注水烧沸，将腊肠入蒸锅中蒸熟后取出，斜刀切片摆于盘中。❸锅烧热，倒入红油、醋、蒜做成味汁，均匀地淋在腊肠上，撒上葱花即可。

眉州香肠

材料 香肠350克

调料 大蒜30克，红油、辣椒酱各适量

做法 ❶香肠洗净，切片；大蒜去皮，洗净剁成蒜蓉，和红油、辣椒酱置于同一容器，搅拌均匀。❷将搅拌好的酱料倒在香肠上，搅拌均匀后摆盘，入蒸锅蒸熟即可。

蒜汁血肠

材料 血肠400克

调料 姜蒜汁15克，盐3克，酱油适量，醋适量，红油适量

做法 ❶血肠洗净；将姜蒜汁、盐、酱油、醋、红油调匀，制成调味汁。❷将血肠放入蒸锅，中火蒸约10分钟，熟透后取出，趁热切片，摆盘。❸将调味汁淋到摆好的血肠上，或沾调味汁食用。

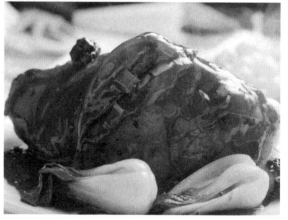

酱蒸猪肘

材料 猪肘400克，上海青50克

调料 盐、花椒粉、酱油、淀粉、蜂蜜各少许，葱花、姜末各适量

做法 ❶猪肘治净汆水，涂蜂蜜，入油锅炸至上色，肘子打花刀，装碗，放上葱花、姜末，调入花椒粉、酱油，入锅蒸熟。❷锅内入水和淀粉烧开，加盐，浇在肘子上；上海青焯水后摆肘子旁即可。

霸王肘子

材料 猪肘400克

调料 盐、酱油、卤水、料酒、蜂蜜各适量

做法 ❶猪肘治净，放入锅中，注入适量清水，烹入料酒、蜂蜜煮至八成熟，捞出。❷油锅烧热，下猪肘炸至金黄色，再入卤水锅中卤至熟透，盛盘。❸再热油锅，倒入卤汤，调入盐、酱油，起锅淋在肘子上即可。

美极猪蹄

材料 猪蹄500克

调料 葱、蒜、姜各20克，料酒、红油各15克，味精3克，盐10克

做法 ❶猪蹄洗净剁成大块；葱、姜、蒜洗净切末。❷猪蹄放入高压锅，加料酒煮25分钟。❸起油锅，放葱、姜、蒜末爆香，下猪蹄翻炒，放入盐、味精和红油炒匀即可。

麻辣沸腾蹄

材料 猪蹄500克，生菜适量

调料 辣椒油、盐、鸡精、芝麻各适量，干辣椒100克，花椒50克

做法 ❶猪蹄氽去血水；干辣椒切段；生菜摆盘底。❷油锅烧热，放入干辣椒、花椒、辣椒油、芝麻炒香，再倒入猪蹄爆炒，然后加适量清水焖煮至猪蹄熟。❸最后调入盐和鸡精，起锅倒在生菜上。

烤酱猪尾

材料 猪尾300克

调料 盐、酱油、料酒、香油各适量

做法 ❶猪尾治净，用盐、酱油、料酒、香油腌渍30分钟备用。❷将腌好的猪尾入烤箱烤几分钟，取出，刷上一层香油，再入烤箱烤至熟透，取出摆盘即可。

酱猪蹄

材料 猪蹄500克

调料 盐3克，酱油15克，五香料适量

做法 ❶猪蹄治净剁块，汆水；五香料用纱布包好，做成香料包。❷将猪蹄放入开水中煮熟，捞出待用。❸锅内放入五香料、盐、酱油和适量水烧开，放入猪蹄卤熟，装盘即可。

醋香猪蹄

材料 猪蹄300克，黄豆50克

调料 盐3克，醋15克，老抽10克，红油、味精少许

做法 ❶猪蹄治净切块；黄豆洗净，煮熟装碗。❷锅内注水烧沸，放入猪蹄煮熟后，捞起沥干装入另一碗中，再加入少量盐、味精、醋、老抽、红油拌匀，腌渍30分钟后捞起装入盘中，再向装有黄豆的碗中加入剩余的盐、醋、老抽、红油拌匀后，装入盘中即可。

川辣蹄花

材料 猪蹄700克

调料 花椒、盐、香油各3克，料酒2克，干辣椒100克，姜5克，蒜3克

做法 ❶猪蹄斩块，入沸水汆烫；姜切末；蒜切菱形小片；干椒切段。❷猪蹄煮熟，入油锅中炸至金黄色，捞出沥油。❸锅中留油炒香干辣椒、花椒、姜、蒜，放猪蹄一起煸香，加调味料炒匀即可。

泡椒霸王蹄

材料 猪蹄1只，泡椒100克

调料 盐3克，红油15克，高汤、料酒、味精各适量，葱花、姜片少许

做法 ❶猪蹄顺骨缝切一刀，入汤锅煮透，剔去蹄骨；泡椒洗净。❷砂锅内放入高汤、猪蹄、姜、料酒，旺火煮开，再小火煨熟。❸泡椒炒香，放入盐、味精、红油炒匀，淋在猪蹄上，撒上葱花即可。

大盘猪蹄

材料 猪蹄400克，青椒、红椒各20克

调料 盐3克，酱油、料酒、红油、葱、蒜各适量

做法 ❶猪蹄治净，切块，氽水；青椒、红椒均去蒂洗净，切圈；葱洗净切花；蒜去皮切块。❷热锅下油，入蒜炒香后，放入猪蹄煸炒，加盐、酱油、料酒、红油调味，加适量清水烧熟。❸放入青椒、红椒略炒，盛盘，撒上葱花。

小炒蹄花

材料 猪蹄300克，蒜苗、红椒各适量

调料 盐3克，酱油、料酒各15克，大蒜20克

做法 ❶猪蹄洗净，切成片；蒜苗洗净，切片；红椒洗净，切圈；大蒜洗净。❷锅中注油烧热，放入猪蹄炒至变色，加入红椒、大蒜、蒜苗一起炒匀。❸再倒入酱油、料酒炒至熟，加入盐拌匀调味，起锅装盘即可。

石锅芋儿猪蹄

材料 猪蹄500克，肉丸、芋头各200克

调料 红椒、盐、葱花各5克，红油、酱油各适量

做法 ❶猪蹄治净，斩块；芋头去皮，洗净切块；肉丸洗净备用；红椒洗净，切圈。❷猪蹄放入高压锅压至七成熟，捞出沥水。❸砂锅加水，放入芋头、猪蹄、肉丸，加入红油、酱油、盐、红椒煮熟，撒上葱花。

青椒焖猪蹄

材料 猪蹄450克，青椒、尖椒各40克

调料 盐3克，鸡精2克，料酒、红油、醋各适量

做法 ❶猪蹄治净，切块，入沸水中氽一下水，捞出沥干备用；青椒、尖椒洗净，切段。❷油锅置火上，入青椒、尖椒炒香后，放入猪蹄翻炒至五成熟，加盐、鸡精、料酒、红油、醋调味，加水焖15分钟，装盘即可。

香辣扣美蹄

材料 猪蹄300克，青椒、红椒各20克，豆豉适量

调料 盐3克，花椒5克，酱油、料酒、醋各10克

做法 ❶猪蹄洗净斩块，放入开水中煮至七分熟，捞出备用；青椒、红椒洗净切圈。❷热锅上少许油，放入青椒、红椒、花椒、豆豉爆香，放入猪蹄翻炒均匀，淋上酱油、料酒、醋收汁，调入盐，出锅盛盘即可。

川东乡村蹄

材料 猪蹄500克，红尖椒1个

调料 蒜30克，红油20克，香油10克，盐5克

做法 ❶猪蹄治净，放开水中汆熟，捞起沥干水，剔除骨，切成薄片。❷蒜去皮，剁成蒜蓉；红辣椒洗净，切椒圈。❸锅烧热下油，下蒜蓉、辣椒圈爆香，下其他调味料和蹄片，加清水煮至入味。

花生烧猪蹄

材料 猪蹄600克，花生米200克

调料 盐、白糖、老抽、姜片、八角、青椒片、红椒片、料酒各适量

做法 ❶猪蹄处理净剁块，汆烫，捞出沥水。❷汤锅中放清水，加八角、盐、白糖、老抽、姜片烧开，放猪蹄烧沸，下花生米烧熟。❸加辣椒片、料酒转小火焖至汁浓即可。

香辣耳片

材料 猪耳400克，熟白芝麻适量

调料 盐3克，味精1克，酱油15克，红油20克，葱少许

做法 ❶猪耳洗净，切片；葱洗净，切花。❷锅中注水烧沸，放入耳片煮至熟后，捞起沥干，装盘。❸用盐、味精、酱油、红油调成汁，浇在盘中的耳片上，撒上葱花、熟白芝麻即可。

珍珠圆子

材料 五花肉400克，糯米50克，马蹄50克，鸡蛋2个
调料 盐5克，味精2克，绍酒10克，姜1块，葱15克
做法

① 糯米洗净，用温水泡2小时，沥干水分；五花肉洗净剁成蓉；马蹄去皮洗净，切末；葱、姜洗净切末。

② 肉蓉加上盐、味精、绍酒、鸡蛋液一起搅拌，再挤成直径约3厘米的肉圆，依次蘸上糯米。

③ 将糯米圆子放入笼中，蒸约10分钟取出装盘即可。

功夫耳片

材料 猪耳350克，胡萝卜100克

调料 盐2克，生抽10克，醋8克，酸梅酱少许

做法 ❶ 猪耳治净，挖去中部；胡萝卜洗净，切成圆片后酿入猪耳。❷ 猪耳放入蒸锅中蒸15分钟，取出切片装盘。❸ 用盐、生抽、醋制成一味碟，用酸梅酱制成一味碟，蘸食即可。

花生耳片

材料 猪耳朵250克，花生适量

调料 姜末、蒜末、辣油、盐、酱油、香油、花椒粉各适量

做法 ❶ 猪耳朵治净，入沸水中煮熟后，捞出沥干，待凉，切片摆盘；花生仁捣碎。❷ 将姜末、蒜末、花生、辣油、花椒粉、盐、酱油、香油入碗拌匀。❸ 将拌匀的佐料淋在盘中的耳片上即可。

江湖大刀耳片

材料 猪耳朵300克，黄瓜适量

调料 葱10克，盐3克，红油、辣椒酱各适量

做法 ❶ 猪耳朵治净，切片，入沸水中汆一下水，捞出沥干摆盘；黄瓜洗净，切片；葱洗净，切花。❷ 将盐、红油、辣椒酱拌匀做成味汁，淋在盘中的猪耳朵上，入蒸锅蒸至熟透后取出。❸ 将切好的黄瓜片摆盘，撒上葱花即可。

豉油蒸耳叶

材料 猪耳300克

调料 盐2克，糖5克，豉油15克，葱、蒜少许

做法 ❶ 猪耳去毛洗净；葱洗净，切花；蒜去皮，剁成末。❷ 猪耳用盐、蒜末涂匀，装盘后入锅蒸熟，取出。❸ 油锅烧热，放入糖、豉油炒香调成味汁，浇在猪耳上，最后撒上葱花。

糖醋排骨

材料 排骨250克

调料 酱油、醋、白糖、盐、淀粉各适量，葱段5克

做法

① 排骨洗净斩块，用盐、淀粉拌匀；将酱油、白糖、淀粉、醋调成汁。

② 油烧热，把排骨放入油锅炸至结壳捞出。

③ 原锅留油，放入葱段煸香后捞去，放排骨，将调好的芡汁冲入锅中，颠翻炒锅，即可装盘。

蒜香骨

材料 猪寸骨300克，面粉、苏打粉各适量

调料 盐6克，胡椒粉少许，生油1500克，蒜料适量

做法

① 猪寸骨洗净，用苏打粉腌1小时，泡水7小时；蒜头洗净放入搅碎机中加清水搅碎盛出。

② 将猪寸骨用蒜水浸8小时后捞起加入调味料腌5小时；蒜蓉下油锅炸至金黄色，捞起沥油；放入猪寸骨炸5分钟捞起上碟，撒上炸香的干蒜蓉。

馋嘴骨

材料　猪排骨500克，红辣椒50克，蒜苗30克
调料　盐3克，姜、蒜各5克，豆豉、老抽各适量
做法　❶猪排骨洗净，斩段，汆水；红辣椒洗净切丁；蒜苗洗净切段；姜、蒜均洗净，切末。❷锅下油烧热，放入红辣椒、姜、蒜爆香，再放猪排骨翻炒，调入盐、豆豉、老抽、蒜苗炒熟，盛盘即可。

川式一锅鲜

材料　排骨350克，香菇200克，墨鱼子100克
调料　高汤800克，泡椒20克，盐、青椒、鸡精各适量
做法　❶排骨洗净，斩段，汆去血水，捞起备用；香菇泡发洗净，切块；墨鱼子洗净。❷锅注油烧热，放入泡椒、青椒、排骨、香菇、墨鱼子翻炒，注入高汤炖煮20分钟。❸调入盐和鸡精，起锅装煲中即可。

楼兰节节香

材料　猪尾、黄豆芽各200克，猪腿肉100克
调料　盐、熟芝麻、葱花、干辣椒、泡椒各适量
做法　❶猪尾洗净，切段，汆去血水；猪腿肉洗净切块，汆水；黄豆芽洗净，烫熟，装盘底。❷起油锅，下入干辣椒、泡椒炒香，再加入猪尾、猪腿肉爆炒，加适量清水用大火焖煮，调入盐、芝麻油，焖10分钟，出锅倒在黄豆芽上，撒上葱花和熟芝麻。

火焰排骨

材料　鲜猪排骨250克，包菜丝50克
调料　盐5克，糖、花椒、白醋各3克，孜然2克，蒜蓉、辣椒面各适量，葱花5克
做法　❶排骨汆水煮好。❷排骨炸成金黄色，起锅；蒜蓉、辣椒面炒香，放入排骨，加调味料炒香，装盘。❸包菜丝用盐、糖、白醋拌成糖醋味，固体酒精入碟，点燃置于盘边，排骨边烤边吃。

粗粮排骨

材料 猪排骨400克，红薯粉100克，玉米、豌豆、火腿丁各少许

调料 盐、海鲜酱各5克，味精3克

做法 ❶ 将排骨洗净，斩块，氽水，用红薯粉、盐拌匀，装入盘中蒸熟；玉米粒、豌豆均洗净。❷ 炒锅注油烧热，放入玉米粒、豌豆、火腿丁炒至熟，加盐、味精、海鲜酱炒入味，起锅倒在排骨上即可。

江湖手抓骨

材料 猪大骨500克，大白菜200克

调料 盐适量，葱白适量

做法 ❶ 大骨头用开水过一下，去腥味；葱白洗净，切丝；大白菜洗净。❷ 换水，将骨头和姜放入沸水中，小火煮20分钟后，放入大白菜，加盐调味。❸ 撒上葱白丝即可食用，用吸管吸骨髓时小心烫伤。

思乡排骨

材料 猪排750克，青椒、红椒各1个

调料 豆豉20克，白糖3克，香油8克

做法 ❶ 将猪排洗净斩件，入沸水锅氽水；青椒、红椒洗净切粒。❷ 将排骨下油锅炸至外酥内嫩，装盘。❸ 净锅下入香油、豆豉炒香，加入白糖、青椒、红椒起锅，淋在排骨上即可。

虹口大排

材料 排骨、红椒

调料 盐3克，白砂糖5克，老抽、料酒、葱段、姜片、蒜末、豆豉各适量

做法 ❶ 大排抹上盐和料酒腌渍。❷ 大排入油锅煸炒，煸到两面发白的时候捞出来，剩下的油放入葱、姜片、豆豉、蒜、红椒煸出香味。❸ 放入大排继续烧，加糖，开大火收汁，加鸡精，起锅摆盘。

糖醋小排

材料 猪排骨300克，葱10克，姜3克，鸡蛋60克

调料 盐、醋各3克，白糖10克，生粉、番茄酱各5克

做法

① 猪排骨洗净斩成小段，葱洗净切成圈，姜去皮切成末。

② 将猪排骨段装入碗内，加入生粉和鸡蛋液一起拌匀，入油锅中炸至金黄色。

③ 锅置火加油烧热，下入番茄酱炒香后，加入清水、糖、醋、盐勾芡，下入排骨拌匀即可。

仔椒大排

材料 排骨450克，青椒15克，红椒15克

调料 豆豉5克，盐5克，花椒粉少许，大蒜适量

做法 ❶排骨洗净，斩块；青椒、红椒均洗净，切圈；大蒜去皮，洗净切好。❷热锅注油，下入大蒜爆香，然后倒入排骨翻炒，再加少许花椒粉，下青、红椒圈和豆豉，炒至入味，待熟时，加盐调味即可。

川乡排骨

材料 排骨400克，干豆角100克

调料 盐、花椒粉、辣椒酱、料酒、酱油各适量

做法 ❶干豆角泡发洗净；排骨洗净，切长块，加盐、料酒、酱油腌渍，再用干豆角捆好。❷油锅烧热，入排骨炸至熟，摆盘。❸再热油锅，入辣椒酱炒香，调入盐、花椒粉、料酒炒匀，起锅淋在排骨上。

辣子跳跳骨

材料 鸡肋骨300克，鸡蛋1个

调料 盐、料酒、白糖、葱段、姜片、花椒各10克，干辣椒200克

做法 ❶鸡肋骨洗净，加盐、姜、葱，将鸡肋骨码入味，加入蛋黄拌匀，入七成油锅炸至酥香待用。❷将干辣椒、花椒炒香，加入鸡肋骨和其他调味料，炒匀装盘即可。

香炒猪骨

材料 带肉猪骨400克

调料 生抽10克，盐3克，鸡精2克，葱、花生、红椒、芝麻各适量

做法 ❶猪骨洗净，氽水，用开水煮熟；红椒去蒂，洗净切碎；葱洗净，切段。❷热锅下油，下入花生、芝麻、红椒炒香，再下入猪骨，用中火翻炒。❸炒至熟，加入盐、鸡精、生抽炒匀，撒入葱段即可。

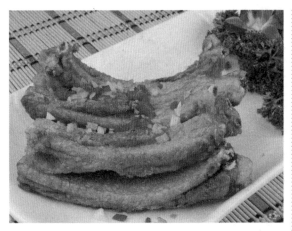

香酥担担骨

材料 猪排骨1000克，红椒丁10克

调料 葱段、姜片、酱油、香油、盐、味精、淀粉各适量

做法 ❶排骨洗净，氽水后裹上淀粉。❷锅中加油烧热，放入排骨炸至微黄后捞出装盘，锅中留底油烧热放入葱段、姜片、红椒丁、酱油、香油、盐、味精炒匀，起锅淋在排骨上即可。

土豆炖排骨

材料 排骨300克，土豆400克

调料 盐3克，鸡精2克，酱油、料酒各适量

做法 ❶排骨洗净，切块；土豆去皮洗净，切块。❷水烧开，放入排骨氽水，捞出沥干待用。❸锅内下油烧热，放排骨滑炒片刻，放入土豆，调入盐、鸡精、料酒、酱油炒匀，加清水炖熟，待汤汁变浓，装盘即可。

剁椒小排

材料 排骨500克，剁椒100克

调料 盐3克，味精1克，醋9克，老抽12克，料酒15克

做法 ❶排骨洗净，剁成小块。❷排骨置于盘中，加入盐、味精、醋、老抽、料酒拌匀后，铺上一层剁椒。❸放入蒸锅中蒸20分钟左右取出即可。

五成干烧排骨

材料 排骨300克，五成干300克

调料 盐3克，鸡精2克，酱油、醋、料酒各适量

做法 ❶排骨洗净切块，氽水捞出；五成干洗净备用。❷锅内加水烧开，放入五成干氽熟，捞出沥干摆盘。锅下油烧热，放入排骨煸炒片刻，调入盐、鸡精、酱油、料酒、醋炒匀，待炒至八成熟时，加适量清水焖煮，待汤汁收干盛于五成干上即可。

豉香风味排骨

材料 排骨350克，青椒、红椒各50克

调料 盐、豆豉、红油、蒜末、芝麻各适量

做法

❶ 排骨洗净斩段，用盐抹匀；青椒、红椒洗净去籽，切圈。

❷ 油锅烧热，放入排骨炸至金黄色，捞出。

❸ 用余油爆香青椒、红椒，下排骨、豆豉、蒜、芝麻炒匀，淋上红油即可。

筒骨马桥香干

材料 筒子骨适量，香干200克

调料 盐3克，蒜苗10克，干辣椒30克，白芝麻5克，酱油、料酒、醋各适量

做法

❶ 筒子骨洗净，砍段；香干洗净，切块；蒜苗洗净，切段。

❷ 锅内加水烧开，放入筒子骨，汆去血水，捞出沥干。锅下油烧热，下干辣椒、白芝麻爆香，放入筒子骨煸炒，调入盐、料酒、酱油、醋炒匀，注入清水，放入香干，煮熟，待汤汁变浓时放入蒜苗即可。

孜然寸骨

材料 寸骨1000克，红椒20克

调料 蒜、葱、孜然粉、生抽、糖、料酒各适量

做法 ❶ 将寸骨用生抽、糖、料酒腌渍；红椒、葱、蒜洗净剁碎。❷ 寸骨用热油煎至八成熟，用孜然粉、生抽、糖调成汁。❸ 爆香蒜茸、红椒碎和寸骨，加入调好的汁，翻炒至汁浓撒上葱花便可。

湘味骨肉相连

材料 带软骨猪肉300克，竹签数根，红椒适量

调料 盐、老抽、芝麻、水淀粉各适量

做法 ❶ 猪肉洗净，用盐、老抽腌渍，再与水淀粉拌匀，用竹签串起，放入微波炉中烤至熟；红椒去蒂洗净，切圈。❷ 热锅下油，下入芝麻炒香，下入红椒翻炒，倒在烤肉串上即可。

水煮血旺

材料 猪血300克，麦菜100克，芹菜段50克

调料 盐、豆瓣酱、干辣椒末、葱末、姜末、蒜末、香菜各适量

做法 ❶ 麦菜洗净；猪血切片。❷ 干辣椒末入锅炒香，加入豆瓣酱、姜末、蒜末爆香，再放入麦菜炒至断生，装碗。❸ 锅中加清汤，放入猪血煮熟，调入盐、葱末，盛碗，烧热油淋于其上即可。

乳香三件

材料 猪肠、猪肚、猪舌各200克，香菜少许

调料 高汤800克，盐4克，红油、料酒、干辣椒各10克，葱少许

做法 ❶ 猪肠、猪肚、猪舌均治净，汆水；干辣椒洗净，切段；葱洗净，切花。❷ 锅注油烧热，放入干辣椒、猪肠、猪肚、猪舌爆炒，注入高汤和料酒炖煮10分钟。❸ 调入盐、红油调味，撒上香菜和葱花。

鲜椒双脆

材料 黄喉300克，泡红辣椒80克

调料 盐2克，辣椒酱、酱油、红油各适量

做法 ❶ 黄喉治净，切花刀，入沸水中氽一下水，捞出沥干备用；泡红辣椒切段。❷ 热锅下油，入黄喉翻炒片刻，放入泡红辣椒同炒，加盐、辣椒酱、酱油、红油炒至入味。❸ 加入清水煮沸，盛碗即可。

干锅腊味茶树菇

材料 茶树菇300克，腊肉、泡椒、蒜薹各适量

调料 盐3克，酱油15克，料酒5克，红油各适量

做法 ❶ 茶树菇洗净；腊肉洗净切片；泡椒、蒜薹治净。❷ 锅中注红油烧热，放入腊肉炒至半熟后，加入茶树菇、蒜薹、泡椒翻炒片刻。❸ 炒至熟后，加入盐、酱油、料酒炒匀，起锅铺在干锅中即可。

麻辣猪肝

材料 猪肝200克，花生100克，姜、花椒、葱适量

调料 盐5克，味精3克，干椒10克，淀粉、姜、花椒、葱适量

做法 ❶ 猪肝入清水中浸泡半小时，捞出切成薄片；葱洗净切成葱花。❷ 将干椒、花生、花椒入油锅炸出香味，下入猪肝片炒熟，加入盐、味精、葱花，用水淀粉调味即可。

小炒猪心

材料 猪心500克，蒜苗20克，红椒、蒜各少许

调料 盐3克，酱油15克，料酒10克

做法 ❶ 猪心洗净切片；蒜苗洗净切段；红椒洗净切圈；蒜洗净切末。❷ 蒜末入油锅炒香，放入猪心翻炒至变色，再放入红椒、蒜苗炒匀。❸ 倒入酱油、料酒炒熟，调入盐炒匀入味。

腊味合蒸

材料 腊猪肉、腊鸡肉、腊鲤鱼各200克

调料 熟猪油、白糖、葱花各适量，肉清汤25克

做法 ❶ 将腊肉、腊鸡、腊鱼用温水洗净，蒸熟后取出，将腊味切成大小略同的条。❷ 取瓷碗一只，将腊肉、腊鸡、腊鱼分别皮朝下整齐排放在碗内，放入熟猪油、白糖和肉清汤上笼蒸烂。❸ 取出翻扣在大瓷盘中，撒上葱花即可。

辣椒猪皮

材料 猪皮350克

调料 醋、酱油各5克，辣椒油、细砂糖各6克，香菜段、葱、辣椒各适量

做法 ❶ 猪皮、葱及辣椒分别洗净，切丝。❷ 锅倒入水、猪皮丝，汆烫至熟后捞出。❸ 将醋、酱油、辣椒油、细砂糖、热开水调成酸辣椒汁，淋在猪皮上，撒上葱丝、辣椒丝、香菜段一起拌匀即可。

辣炒大片腊肉

材料 腊肉400克

调料 盐、鸡精各3克，干辣椒、蒜苗各适量

做法 ❶ 将腊肉治净，煮熟后切成大片；蒜苗摘洗净，斜切成段。❷ 热锅下油，下入干辣椒、腊肉炒至吐油，再下入蒜苗炒至断生。❸ 放盐、鸡精炒匀即可。

玉米粒煎肉饼

材料 猪肉500克，玉米粒200克，青豆100克

调料 盐3克，鸡精2克，水淀粉适量

做法 ❶ 猪肉洗净，剁成蓉；玉米粒洗净备用；青豆洗净备用。❷ 将猪肉与水淀粉、玉米、青豆混合均匀，加盐、鸡精，搅匀后做成饼状。❸ 锅下油烧热，将肉饼放入锅中，用中火煎炸至熟，捞出控油摆盘即可。

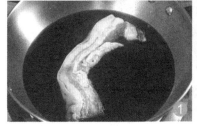

芥菜干蒸肉

材料 五花肉500克，芥菜干60克

调料 酱油25克，味精2克，桂皮3克，白糖20克，黄酒10克，八角3克

做法

1 五花肉洗净切小块，氽水，用清水洗净；芥菜干洗净挤干水分，切成小段。

2 锅中放入清水、酱油、黄酒、桂皮、八角，放入肉块煮至八成熟，再加白糖和适量芥菜干，中火煮约5分钟，拣去八角、桂皮，加入味精。

3 取扣碗1只，放芥菜垫底，将肉块皮朝下整齐地排放于上面，上笼蒸约2小时后取出，扣于盘中即成。

农家小炒肉

材料 猪肉300克，红椒200克，青椒100克

调料 盐、蒜、鸡精、料酒、酱油各适量

做法 ① 猪肉洗净，切块；青椒、红椒洗净，切条；蒜去皮洗净，切片。② 热锅入油，放蒜爆香，放肉片炒至出油，烹入料酒、酱油，再放入青椒、红椒翻炒片刻，放入盐、鸡精调味，翻炒入味即可。

香酥出缸肉

材料 五花肉500克，干辣椒50克

调料 芝麻、花生、盐、老抽、姜片、香油各适量

做法 ① 五花肉洗净，揉搓略炒过的盐，晾晒3天，蒸20分钟，晾冷放入撒有盐的缸中密封腌渍1周，即可出缸洗净切片。② 锅烧热，放入姜片、干辣椒、出缸肉翻炒，再放入芝麻、花生炒香。炒至熟后，加盐、老抽调味，撒入香油即可。

尖椒炒削骨肉

材料 猪头肉1块，青椒、红椒碎、蒜苗段各10克

调料 盐4克，味精2克，酱油5克，姜片15克

做法 ① 猪头煮熟烂，剔骨取肉切下后，放入油锅里滑散备用。② 锅上火，油烧热，放入青椒、红椒碎，姜片炒香，加入削骨肉，调入调味料，放入蒜苗段，炒匀入味即成。

橘色小炒肉

材料 猪肉300克，青椒、红椒、黑木耳100克

调料 盐3克，鸡精2克，酱油、水淀粉各适量

做法 ① 猪肉洗净，切成小片；青椒、红椒均去蒂洗净，斜刀切圈；黑木耳泡发洗净，切片。② 锅下油烧热，放入猪肉滑炒，至肉色变白，放入青椒、红椒、黑木耳，调入盐、鸡精、酱油炒匀，待熟时，用水淀粉勾芡，起锅装盘即可。

酸豆角炒肉末

材料 酸豆角300克，肉末150克

调料 葱、蒜、盐、花椒油、干椒、姜各少许

做法 ❶将酸豆角洗净切碎；葱洗净切花；姜、蒜洗净切末；干椒切段。❷锅置火上，加油烧热，下入干椒段炒香后，加入肉末稍炒。❸再加入酸豆角和剩余调味料炒匀即可。

莲花糯米骨

材料 排骨500克，南瓜500克，糯米500克，樱桃50克

调料 料酒、叉烧酱、生抽各适量

做法 ❶用料酒、叉烧酱和生抽将排骨腌渍一晚；南瓜洗净切成块状。❷将腌好的排骨用糯米包裹，外面用切好的南瓜围住放入盘中。❸将盘放入蒸笼，蒸1个小时左右出锅，在其上放上樱桃点缀即可。

香卤五花肉

材料 五花肉500克

调料 盐、白芝麻各3克，葱、糖各5克，酱油、水淀粉、卤水各适量，干辣椒150克

做法 ❶五花肉汆水，沥干后放入卤水中卤熟，取出切块。❷锅下油烧热，下干辣椒爆香盛入砂锅底。另起锅下油，放白芝麻、盐、糖、酱油、水淀粉，做成味汁，淋在五花肉上，撒上葱花即可。

蒸三角肉

材料 带皮五花肉1000克，梅菜105克

调料 香菜段、盐、甜酒酿、酱油各少许

做法 ❶五花肉洗净，入锅煮熟后，抹上盐、酒酿和酱油，再入油锅中炸至肉皮呈金黄色。❷将炸好的肉入锅煮至回软后，捞出切三角块，装入碗中。❸梅菜洗净，剁碎，装在肉块上，上锅蒸熟，取出撒上香菜即可。

私房钵钵肉

材料 五花肉500克

调料 盐3克，鸡精3克，酱油适量，醋适量，水淀粉适量

做法 ❶五花肉洗净备用；锅内加水，调入盐、酱油，放入五花肉卤熟，捞出沥干切片摆盘。❷锅下油烧热，调入盐、酱油、醋、水淀粉，做成味汁，均匀地淋在五花肉上即可。

湘味莲子扣肉

材料 五花肉800克，莲子400克

调料 盐、葱、料酒、辣椒油、鲍鱼汁各适量

做法 ❶莲子泡发，去心；五花肉洗净，放入加有盐、料酒的锅中煮好，捞出，切薄片。❷五花肉片包入2颗莲子，以葱捆绑定型，肉皮向下装入碗内，淋上辣椒油，上锅蒸熟，再反扣在碗中，淋鲍鱼汁即可。

毛氏红烧肉

材料 带皮的五花肉500克

调料 八角、桂皮、冰糖、豆豉、葱头、干辣椒、蒜、盐、老抽、腐乳汁各适量

做法 ❶五花肉汆水后切方块，与八角、桂皮、冰糖放碗中，蒸至八成熟。❷肉用小火炸成焦黄色。锅内烧油，下调料炒香，然后下入肉块，加入肉汤，小火慢煨一小时，至肉酥烂时，收汁即可。

毛家红烧肉

材料 猪肉300克，蒜苗15克

调料 盐5克，味精3克，老抽15克，姜、蒜各适量，干辣椒20克

做法 ❶将猪肉洗净切方形块；蒜苗洗净切段；姜洗净切片；蒜去皮。❷将猪肉块下入锅中炒出油，加入老抽，下入干辣椒、姜片、蒜和适量清水煮开。❸再倒入煲中炖2小时收汁，放入蒜苗调味即可。

大白菜焖肉

材料 猪肉300克，大白菜300克

调料 盐、酱油、料酒、胡椒粉、葱各适量

做法 ❶猪肉洗净切片，用酱油和料酒腌渍；大白菜洗净，斜切片；葱洗净，沥干切葱花。❷锅中注油烧热，下猪肉，调入胡椒粉炒至变色，加入大白菜稍炒，加入适量开水，盖锅盖焖煮至猪肉熟透。加盐调味，撒上葱花即可。

酱油肉蒸春笋

材料 春笋200克，猪腿肉400克

调料 红椒片、盐、料酒、白糖、花椒各适量

做法 ❶白糖、花椒加水煮开调成味汁；猪腿肉洗净，放入调味汁中密封腌渍，放通风处晾干制成酱油肉，切片；春笋洗净切片。❷春笋片摆盘，酱油肉片盖在笋片上，烹入料酒，撒上红椒、盐，上锅隔水蒸熟。

东坡肉

材料 五花肉1500克

调料 白糖、绍酒、酱油、姜块、葱各适量

做法 ❶猪肉入沸水汆3~5分钟，捞出切小方块。❷砂锅用小竹架垫底，铺上葱、姜块，将猪肉皮朝下排放在葱、姜上，加入白糖、绍酒、酱油和水。❸旺火烧沸，小火焖2小时，至酥熟启盖，将肉分装入特制小陶罐中，旺火蒸半小时至肉酥透即可。

梅菜扣肉

材料 梅菜50克，五花肉500克

调料 盐4克，味精4克，蚝油15克，鸡精4克，酱油50克，白糖10克

做法 ❶梅菜剁碎，放盐炒香。❷五花肉煮熟，拌入酱油，捞出沥水，炸成虎皮状，切片。❸肉皮朝里，肉朝上，整齐码入大碗中，调入调料，放上梅菜，入蒸锅蒸熟后，取出，扣入盘中即可。

麻辣腰片

材料 猪腰300克，蒜、葱、姜各10克，香菜50克

调料 红油、醋各8克，生抽、花生酱各5克，盐、白糖各3克，味精2克

做法

1 将猪腰洗净后对半剖开，去除其白色黏附物，蒜、姜切丝，葱切葱丝，香菜洗净，备用。

2 猪腰切成片状备用。

3 锅中水煮沸后，下入猪肾片，过水汆烫，至熟后，捞起，沥干水分；盘底摆入香菜，将猪肾片放于其上，取一小碗将所有调味料调匀，淋于猪腰片上，撒上葱丝，淋入香油即可。

香味口蘑

材料 口蘑300克，猪肉100克，红椒适量

调料 盐、蒜、蒜苗、香油各适量

做法 ❶ 猪肉洗净，切片；口蘑洗净，切片；蒜苗洗净，切小段；红椒洗净，切圈。❷ 热锅下油，下入蒜、猪肉，猪肉炒至五成熟时下入口蘑、红椒、蒜苗炒熟。❸ 加入盐调味，撒入香油即可。

粽香豆腐丸

材料 粽叶、糯米、五花肉、豆腐各适量

调料 盐3克，味精3克

做法 ❶ 粽叶泡发；五花肉洗净剁碎；豆腐洗净捏碎。❷ 豆腐与肉加调味料拌匀，均匀地裹上糯米，再用粽叶包成糯米球。❸ 入蒸锅蒸40分钟即可。

木桶香干

材料 香干300克，芹菜80克，五花肉50克

调料 盐3克，味精5克，黄油15克，姜米、蒜米、青椒、红椒各适量

做法 ❶ 五花肉洗净切片；香干洗净切片；芹菜洗净切段。❷ 五花肉在锅中煸出香味。❸ 下入姜米、蒜米、香干、芹菜及其他调味料炒至入味即可。

蒜苗炒削骨肉

材料 猪头肉1块，青椒、红椒圈20克，蒜苗段10克

调料 盐4克，味精2克，酱油5克，姜末15克

做法 ❶ 将猪头肉洗净煮熟烂，剔骨取肉切下，入油锅里滑散。❷ 炒锅加油烧至七成热，下入肉丁翻炒，再加青椒、红椒圈，盐、味精、酱油、姜末、蒜苗段炒入味起锅装盘即可。

豆角碎炒肉末

材料 豆角300克，瘦肉、红椒各50克

调料 盐3克，味精2克，姜末、蒜末各10克

做法 ❶ 将豆角择洗干净切碎；瘦肉洗净切末；红椒切碎备用。❷ 锅上火，油烧热，放入肉末炒香，加入红椒碎、姜末、蒜末一起炒出香味。❸ 放入鲜豆角碎，调入盐、味精，炒匀入味即可出锅。

雪里蕻肉末

材料 新鲜雪里蕻150克，肉100克

调料 蒜10克，干辣椒5克，盐3克，味精3克，白糖2克

做法 ❶ 猪肉洗净剁成末；蒜洗净切末；雪里蕻洗净切细，入沸水焯熟，再用水冲凉。❷ 油下锅，炒散肉末，加蒜末、干辣椒炒香，再加入雪里蕻略炒。❸ 加盐、味精、白糖调味，起锅装盘即成。

仔姜炒肉丝

材料 猪肉150克，红尖椒1个

调料 盐5克，黄酒6克，醋5克，指天椒30克，仔姜200克，葱白1段

做法 ❶ 猪肉、仔姜、红尖椒（去籽）、指天椒、葱白均切丝。❷ 猪肉用黄酒、盐腌片刻；油烧到八成热，下姜丝煸香。❸ 肉丝、辣椒丝、指天椒、葱丝一齐煸炒，放少许黄酒、盐，起锅滴醋即可。

红椒酿肉

材料 泡鲜红椒500克，猪肉末300克，虾米15克，鸡蛋1个

调料 盐5克，味精3克，淀粉适量，蒜瓣50克

做法 ❶ 虾米剁碎，加肉末、鸡蛋、味精、盐、淀粉调成馅。❷ 泡红椒去瓤，填入肉馅，用湿淀粉封口，炸至八成熟捞出。❸ 泡椒码入碗内，撒上蒜瓣上笼蒸透，原汁加盐、味精勾芡淋在红椒上即成。

青椒、红椒炒肉

材料 猪瘦肉300克，青椒、红椒、香菜段各适量

调料 盐5克，味精3克，酱油5克

做法 ❶猪肉洗净切条，油烧热，下入肉条炒至变色时盛出。❷原锅上火，再加油烧热，下入青椒、红椒炒熟，再下入肉条和调味料炒匀，出锅时，撒上香菜段即可。

辣白菜炒五花肉

材料 五花肉250克，辣白菜200克。

调料 盐、味精各少许，葱5克，韩式辣酱1大匙，香油适量，植物油1大匙。

做法 ❶五花肉切片；辣白菜切段。❷油锅烧热，下葱花炒香，放五花肉炒出油。❸加入辣白菜继续煸炒，调入韩式辣酱炒匀，再倒入辣白菜汤汁翻炒均匀，调入盐、味精，香油炒匀。

五花肉焖豆腐

材料 豆腐150克，五花肉、红椒各适量

调料 盐、酱油、蒜末、味精、蒜苗段、豆瓣酱、葱段各适量

做法 ❶豆腐、五花肉切片。❷豆腐片煎至脆黄，起锅。余油爆香蒜末，将肉片加入煸炒，加少许酱油着色，再加红椒、蒜苗翻炒2分钟；煎好的豆腐入锅，调味，加少许水焖熟，撒葱段，装碗。

酱肉小豆芽

材料 小豆芽150克，带皮猪肉、西红柿各50克

调料 盐、酱油、白糖、辣椒酱、蒜末各少许

做法 ❶小豆芽洗净；西红柿去蒂，洗净，切成丁；带皮猪肉洗净，切丁。❷加热锅中油，下蒜末炒香，放进肉丁稍炒，放进小豆芽，加入盐、酱油、白糖、辣椒酱，再加入少量水，煮至汁变浓。❸放进西红柿丁翻炒至熟，盛起即可。

白菜梗炒肉

材料 白菜梗200克，猪肉150克

调料 葱10克，盐3克，红椒、酱油、醋各适量

做法 ❶ 白菜梗洗净，切条；猪肉洗净，切条；红椒去蒂洗净，切条；葱洗净，切段。❷ 起油锅，放入猪肉炒至出油后，再放入白菜梗、红椒同炒，加盐、酱油、醋调味。❸ 快熟时，放入葱段略炒，起锅装盘即可。

香干炒肉

材料 猪肉200克，香干100克，辣椒 1 个

调料 盐6克，味精5克

做法 ❶ 香干洗净切成条；瘦肉洗净切成片；辣椒洗净切丝。❷ 锅中加油烧热，下入肉片炒至变色。❸ 再放入香干、辣椒丝翻炒至熟，调入盐、味精即可。

干锅萝卜片

材料 白萝卜300克，五花肉200克，辣椒1个

调料 豆豉2克，料酒3克，香油10克，盐 4 克，指天椒10克，姜8克

做法 ❶ 白萝卜切片焯水；五花肉切片；姜切末。❷ 五花肉炒香，下豆豉、辣椒、指天椒、姜末烧出色，调入料酒。❸ 下萝卜片稍炒，掺入汤水，旺火烧至色红亮、淋上香油，装入铁锅，上酒精炉。

辣椒炒油渣

材料 猪肉400克，红椒2个，豆豉10克，蒜苗10克

调料 姜8克，蒜8克，盐4克，味精2克，鸡精2克，陈醋10克

做法 ❶ 将红椒洗净去蒂去籽后切碎；蒜苗洗净切段备用。❷ 肉洗净切成片后，放入锅中，炸出油至干，去油即为油渣。❸ 锅上火，炒香红椒碎、豆豉，放入油渣，调入调味料，放入蒜苗炒入味即可。

煮油豆腐

材料 猪头1个，青椒50克，油豆腐100克

调料 盐4克，味精2克，蚝油10克，酱油5克

做法 ❶将猪头放入水中煮熟，捞出，晾凉后，削下肉切成片状备用。❷青椒洗净去蒂、去籽，切成丝备用。❸锅上火，加入油烧热，放入青椒丝炒香，加入削骨肉、油豆腐，调入所有调味料炒匀，加入少许水，烧熟入味即成。

藜蒿炒腊肉

材料 藜蒿100克，腊肉、红椒、韭菜各适量

调料 盐5克，味精3克，糖2克，蒜末5克

做法 ❶红椒、韭菜均洗净，切段；藜蒿洗净切段；腊肉、红椒洗净切成细丝。❷将腊肉下锅煸香后铲起待用。❸锅下少许油，入蒜末、藜蒿翻炒，倒入韭菜、红椒、腊肉再调入盐、味精、糖即可。

老干妈小炒肉

材料 瘦肉、青椒、红椒适量

调料 盐、酱油、五香粉、胡椒粉、蒜末、辣椒酱各适量

做法 ❶瘦肉切片；青椒、红椒均斜切圈。❷加热锅中油，下蒜末炒香，放入肉片，下辣椒酱，炒至五分熟。❸放入青椒、红椒，加进盐、酱油、五香粉、胡椒粉，大火炒至肉片熟，盛起即可。

干煸肉丝

材料 瘦肉300克，芹菜100克

调料 盐、花雕酒、豆瓣酱、蒜、干辣椒、花椒、葱、姜各适量

做法 ❶瘦肉切丝；芹菜切段；干辣椒切段；蒜、姜、葱切末。❷锅置火上，加油烧热，入肉丝炸干水分后，捞出。原锅留油，下入豆瓣酱、姜、蒜炒香，再下入肉、芹菜及其他调味料炒至入味即可。

蒌蒿炒腊肉

材料 蒌蒿、腊肉各200克，韭菜、红椒各10克

调料 盐适量

做法 ❶韭菜、红椒均洗净切段；蒌蒿洗净汆烫，三成热油温时过油，炸1分钟；腊肉过水，入油锅炸1分钟备用。❷油烧热，放入蒌蒿和红椒翻炒，再加入腊肉、韭菜，炒1分钟，加盐调味，勾芡，出锅盛盘。

腊肉炒蒜薹

材料 腊肉200克，蒜薹150克

调料 盐3克，味精2克，干椒10克，姜5克

做法 ❶蒜薹洗净切成段；腊肉洗净切成薄片；干椒切成段；姜洗净切片。❷锅中加油烧热，下入腊肉、蒜薹一起炸至干香后，捞出沥油。原锅留油，下入姜片、干椒段炒出香味，再加入腊肉、蒜薹一起炒匀，调味即可。

干锅烟笋焖腊肉

材料 腊肉300克，烟笋150克，芹菜50克

调料 盐2克，红椒圈、香油、红油各少许

做法 ❶将腊肉洗净，切片；烟笋洗净，切小片；芹菜洗净切小段。❷炒锅注油烧热，下入红椒爆炒，倒入腊肉煸炒出油，加入烟笋和芹菜同炒至熟。❸加入水、盐、香油、红油焖入味，起锅倒在干锅中即可。

咸肉蒸臭豆腐

材料 咸肉200克，臭豆腐150克，剁椒100克

调料 盐、糖、红油、酱油、葱丝、蒜末各适量

做法 ❶臭豆腐洗净，切块后铺在盘底；咸肉洗净，切成薄片后摆盘，加入剁椒。❷将臭豆腐、咸肉放入蒸锅中蒸10分钟，取出。❸用盐、糖、红油、酱油、蒜末调成味汁，淋入盘中，最后撒上葱丝即可。

醉腰花

材料 猪腰550克，生菜丝100克

调料 绍酒10克，生抽、老抽各5克，味精2克，蒜泥10克，醋、蚝油、胡椒粉、麻油各适量

做法

1 猪腰去腰臊，切成梳子花刀，漂洗净。

2 放入沸水汆至断生捞起，用纯净水冲凉；将绍酒、生抽、老抽、味精、蒜泥、醋、蚝油、胡椒粉、麻油调匀，配制成醉汁。

3 将腰花放入容器，浇入醉汁，用生菜丝围边。

乡村腊肉

材料 腊肉、荷兰豆各200克，青椒、红椒各1个

调料 盐3克，味精5克

做法 ❶将腊肉洗净，煮熟切片；荷兰豆去筋洗净；青椒、红椒洗净切片。❷净锅上火，荷兰豆汆烫至熟，底锅上油，腊肉、荷兰豆、青椒、红椒过油取出。净锅放油，放入腊肉、荷兰豆、青椒、红椒，加盐、味精炒入味，装盘即可。

湘蒸腊肉

材料 腊肉300克

调料 盐、醋、葱、干辣椒、热油、豆豉各适量

做法 ❶腊肉洗净蒸熟，切片摆盘；干辣椒洗净切段；豆豉切碎；葱洗净，切段。❷热锅下油，下入干辣椒、豆豉炒香，再调入盐、醋炒匀，与热油一起均匀倒在腊肉上，撒上葱即可。

腊笋炒熏肉

材料 干笋100克，腊肉500克，红辣椒10克

调料 盐、鸡精、料酒、老抽各适量

做法 ❶将腊肉切条，在热水中煮至呈半透明的状态。❷干笋洗净，切片；红辣椒洗净切丝。❸在锅中热油，煸笋片，放腊肉同炒，加红辣椒丝、盐、料酒、鸡精炒熟即可。

风吹猪肝

材料 风干猪肝1个

调料 盐、味精、鸡精、红油、蚝油、蒜苗各适量，干辣椒10克

做法 ❶猪肝切片；干辣椒切段；蒜苗择切小段。❷锅上火，加适量清水烧沸，放入猪肝片稍烫，捞出沥干水分。❸油烧热，放入猪肝稍炒，加入干辣椒、蒜苗炒香，调入调味料，炒匀入味即可。

老干妈淋猪肝

材料 卤猪肝250克

调料 葱花、盐、酱油、红油、老干妈、红椒各适量

做法 ❶卤猪肝洗净，切成片，用开水烫熟；红椒洗净，切段；葱洗净，切花。❷油锅烧热，入红椒爆香，入老干妈豆豉酱、酱油、红油、盐制成味汁。❸将味汁淋在猪肝上，撒上葱花即可。

芹菜炒肚丝

材料 芹菜300克，葱2根，蒜3瓣

调料 老干妈辣椒酱、料酒、盐、酱油、五香粉、胡椒粉、姜末、蒜末各少许

做法 ❶将猪肚洗净，煮熟，捞起，切丝。❷加热锅中油，下姜末、蒜末炒香，放入猪肚，下料酒、老干妈辣椒酱，翻炒片刻。❸放入芹菜、红椒，加进盐、酱油、五香粉、胡椒粉，大火翻炒5分钟，盛起。

青红椒脆肚

材料 猪肚200克，青椒、红椒、蒜薹各30克

调料 盐、酱油、辣椒油、姜末、蒜末各适量

做法 ❶将猪肚洗净，煮熟，切丝；将蒜薹洗净，切段；将青椒、红椒分别洗净，切圈。❷加热锅中油，下姜末、蒜末炒香，放入蒜薹、青椒、红椒稍炒。❸放入猪肚，加进盐、酱油、辣椒油，加入少量水焖至香味飘起，盛起即可。

泡椒猪肚

材料 猪肚1个，泡椒、红椒10克

调料 盐、陈醋、酱油、蚝油、水淀粉各15克，姜10克

做法 ❶猪肚洗净切件；将泡椒切碎；红椒洗净切碎；蒜薹洗净切米；姜去皮切米备用。❷锅上火，油烧热，放入泡椒碎，红椒碎，蒜薹米、姜米炒香，放入猪肚，调入调味料，炒匀入味，用淀粉勾芡即可。

香辣肚丝

材料 猪肚300克，笋片100克，辣椒50克
调料 盐5克，味精3克，生粉适量，葱1根
做法 ❶ 将猪肚入锅中煮熟后，取出切成片；笋片用清水冲洗；辣椒均匀切成丝。❷ 锅中加油烧热，下入辣椒、笋片炒香后，再放肚丝翻炒均匀。❸ 待熟后，调入盐、味精，以生粉勾芡出锅即可。

石碗响肚

材料 猪肚500克，长泡红椒、红椒各适量
调料 盐、姜丝、酱油、葱、料酒各少许
做法 ❶ 将猪肚切成条，制成响肚，切肚丝；葱洗净切段；红椒洗净切丝。❷ 净锅烧油，烧至五成热时，下入响肚滑油，断生后捞起沥干油。❸ 锅内烧油，下姜丝炒香，再加入肚丝、泡红椒丝，放盐、酱油，烹入料酒，炒拌入味，即可。

油浸鲜腰

材料 猪腰500克，白萝卜少许
调料 盐、青椒、红椒、酱油、料酒各适量
做法 ❶ 所有原材料治净，猪腰切片，白萝卜切丝。❷ 锅内加水烧热，放入腰花汆烫，捞出沥干待用。锅下油烧热，放入腰花滑炒，调入盐、酱油、料酒炒匀，放入青椒、红椒，加适量水煮熟，用白萝卜丝点缀即可。

凤尾腰花

材料 猪腰1个，青椒、红椒各30克
调料 盐、酱油各4克，姜末、蒜末、葱段各10克
做法 ❶ 将青椒、红椒洗净去蒂去籽切圈；姜洗净去皮切片；猪腰洗净切凤尾状，放入油锅滑散。❷ 油锅烧热，放入辣椒、姜、蒜炒香，加入腰花，放入葱段，调入盐、酱油，炒匀入味即成。

洋葱炒猪腰

材料 猪腰300克，洋葱、红椒、芹菜叶各30克

调料 鸡精、盐、辣椒酱、红油、料酒各适量

做法 ❶猪腰洗净，切花刀；洋葱洗净，切片；红椒去蒂洗净，切片；芹菜叶洗净。❷热锅下油，放入猪腰略炒片刻，再放入洋葱、红椒、芹菜叶同炒，加盐、鸡精、辣椒酱、料酒、红油炒至入味，待熟，装盘即可。

干锅肥肠

材料 猪大肠300克

调料 盐5克，鸡精、姜片各2克，豆豉、蒜粒各20克

做法 ❶猪大肠洗净，入沸水中煮熟后，切成条形。❷锅上火，油烧热，放入肥肠泡熟，捞出备用；蒜粒炸香备用。❸锅内留少许底油，放入豆豉、姜片、蒜粒炒香，加入肥肠，调入调味料，炒至入味即可。

湘干锅肥肠

材料 猪大肠400克，青椒、红椒适量

调料 盐、蒜、葱、干辣椒、辣椒油各适量

做法 ❶肥肠治净切圈，过油备用；青椒、红椒去蒂，洗净切片；蒜去皮洗净；葱洗净切段；干辣椒洗净切段。❷热锅下油，放入干辣椒、蒜炒香，放入肥肠，炒至八成熟时下入青椒、红椒炒熟，调入盐、辣椒油，加入葱，炒匀入味即可上锅。

石锅肥肠

材料 猪大肠400克，竹笋、滑子菇各100克

调料 盐、花椒、蒜苗、红椒、料酒、醋各适量

做法 ❶猪大肠用盐搓洗干净，切小段；竹笋去皮洗净切片；滑子菇洗净备用。❷锅下油烧热，下花椒爆香，放猪大肠滑炒片刻，放入竹笋、滑子菇，调入盐、料酒、醋、红椒炒匀，加清水焖煮至熟，加蒜苗，片刻后装入石锅中即可。

周庄酥排

材料 排骨600克

调料 味精10克，白糖10克，葱末3克，姜末5克

做法

❶ 将排骨斩成5厘米长段。

❷ 用净水将血水泡净，捞出沥水，加入味精、白糖、葱末、姜末拌均匀。

❸ 然后上蒸锅蒸1小时15分钟即可。

剁椒脆耳

材料 猪耳250克，香菜适量

调料 红尖椒、蒜片、芝麻、盐、白酒各适量

做法 ❶猪耳去毛洗净，煮熟，切薄片放入盘中。❷将红尖椒洗净制成剁椒。❸把剁椒倒入盘中，加入盐、蒜片、芝麻、白酒等拌匀，再放入香菜即可。

红油千层耳

材料 猪耳500克

调料 红油、芝麻、盐、白糖、香油各适量

做法 ❶猪耳洗净，放入沸水中煮熟，取出晾凉。❷猪耳切成薄片，加入盐、白糖、红油、香油调成味汁。❸将耳片与调好的味汁拌匀即成。

大刀耳叶

材料 猪耳400克

调料 老抽、生抽各10克，盐3克，卤汁800克，八角、桂皮各适量

做法 ❶猪耳治净。❷锅上火，倒入卤汁，加入八角、桂皮、老抽、盐烧开，放入猪耳，用慢火卤制2小时。❸取出猪耳，切成薄片，装入盘。另起锅，烧热油及生抽，装碗，摆入盘中即可。

香干拌猪耳

材料 豆干、熟猪耳各200克，熟花生50克，红椒少许

调料 盐、香菜、葱各少许，醋15克

做法 ❶香干洗净，切片，放入沸水中煮2分钟再捞出；红椒、葱洗净切丝；香菜洗净切段；熟猪耳切片，与香干同装一盘中。❷油锅烧热，放花生、盐、醋翻炒，淋在香干、猪耳朵上拌匀，撒上香菜、红椒、葱丝即可。

香辣霸王蹄

材料 猪蹄、芝麻各适量

调料 盐、姜、蒜、干椒、蜂蜜酱、生抽、香叶、桂皮、八角、茴香、花椒各适量

做法 ❶猪蹄治净去骨，沥干水分。❷锅中注水，放入猪蹄、蜂蜜酱、油、盐、生抽、香叶、桂皮、八角、茴香、花椒卤制。将卤好的猪蹄放入蒸锅蒸熟，取出调入卤汁，加入炒香的芝麻、干椒、姜、蒜即可。

口味猪手

材料 猪蹄400克

调料 盐、老抽、料酒、白糖、干红椒各适量

做法 ❶猪蹄治净切块，汆水；干红椒洗净，切段。❷锅中注油烧热，下干红椒爆香，加入猪蹄，调入老抽和料酒炒至变色，加水焖至熟。❸加盐和白糖调味，焖至汁浓肉烂时起锅装盘即可。

青椒佛手皮

材料 猪脚1个，青椒片50克

调料 酱油50克，盐3克，味精2克，蚝油10克，蒜片10克

做法 ❶将猪脚治净，煮至熟烂，剥取皮切条片备用。❷锅上火，油烧热，放入猪皮，倒入酱油，烧至猪皮香而转为酱色。❸加入青椒片、蒜片一起炒熟，调入调味料，炒匀入味即可。

爆炒蹄筋

材料 牛蹄筋250克，青椒、红椒片20克

调料 盐、香油、酱油、水淀粉、料酒各适量

做法 ❶将牛蹄筋洗净入锅煮至断生，切段。❷炒锅加油烧热，下入青椒、红椒片炒香，倒入牛蹄筋翻炒至熟，加酱油、料酒、盐炒至入味，最后用水淀粉勾芡，淋香油即可。

鸡肉·鸭肉

——香而不腻回味长

汇集最具代表性的鸡鸭肉家常菜。介绍的烹调技法也各式各样，无论是煎、煮、炒、炸……样样都精彩非凡。所选菜例均简单易学，教你用最家常的方法做出最营养的美味，即使你是初入厨房的人，也能轻松做出美味。

香辣鸡翅

材料 鸡翅400克，干椒20克，花椒10克

调料 盐5克，味精3克，红油8克，卤水50克

做法 ❶鸡翅洗净，卤水烧热后将鸡翅放入其中卤熟，捞出晾凉。❷干椒、花椒、盐、味精、红油在油锅中炒香，淋在鸡翅上即可。

口水鸡

材料 光鸡750克

调料 盐5克，味精3克，红油10克，芝麻酱20克，芝麻5克，高汤适量，葱20克，姜10克，蒜5克

做法 ❶鸡洗净，放入水中用小火煮至八成熟时熄火，再泡至全熟后，捞出。❷将熟鸡肉斩成小块装盘，浇入少许高汤。❸将切好的葱末、姜末、蒜蓉和所有调味料一起拌匀，浇在鸡块上即可。

罗汉笋红汤鸡

材料 罗汉笋、鸡各适量

调料 盐、味精、葱段、姜块、料酒、红油、鸡汤、胡椒粉、葱花、熟芝麻各适量

做法 ❶罗汉笋洗净，入水中煮熟，捞出；鸡治净，下入清水锅中，加葱段、姜块、料酒、盐煮好，捞出切条，放在罗汉笋上。❷用鸡汤、红油、味精、胡椒粉调成汁淋在鸡块上，撒上葱花和熟芝麻即可。

卤味凤爪

材料 凤爪250克

调料 盐5克，味精3克，八角5克，桂皮10克，葱段10克，蒜末5克

做法 ❶凤爪剁去趾尖后，洗净。❷锅中加水烧沸，下入凤爪煮至熟软后捞出。❸锅中加入葱段、蒜片和所有调味料制成卤水，下入鸡爪卤至入味即可。

鸡丝豆腐

材料 豆腐150克，熟鸡肉25克

调料 香菜、花生米、红椒、盐、芝麻、红油、葱花各适量

做法 ❶豆腐洗净，入水中烫熟切片；熟鸡肉洗净，撕成丝；香菜、花生米洗净；红椒洗净切丁；油烧热，下花生米炸熟。❷调味料调成味汁，将味汁淋在鸡丝、豆腐上，撒葱花即可。

拌鸡胗

材料 鸡胗300克

调料 盐、花椒油5克，味精、红油、卤水适量，葱20克，蒜10克

做法 ❶将鸡胗洗净，放入烧沸的卤水中卤至入味。取出鸡胗，待凉后切成薄片；葱洗净切圈；蒜洗净剁成蓉。❷将鸡胗装入碗中，加入所有调味料一起拌匀即可。

红油芝麻鸡

材料 鸡肉15克，芹菜叶少许，红椒圈少许

调料 盐3克，芝麻3克，辣椒酱7克，红油6克，料酒8克

做法 ❶鸡肉切块，用盐腌渍片刻。❷水烧开，放入鸡肉，加盐、料酒去腥，用大火煮开后，转小火焖至熟，捞出沥干摆盘。❸将所有调味料入锅做成味汁，浇在鸡肉上，用芹菜叶、红椒圈点缀即可。

重庆口水鸡

材料 三黄鸡1000克，熟芝麻适量

调料 醋、姜蒜汁、熟油辣椒、料酒、酱油、盐各适量

做法 ❶鸡洗净，斩成块，水开前加入料酒，放入鸡煮10分钟，捞出放入冰水冷却切块。❷起锅，熟油辣椒六成热时，放入酱油、姜蒜汁、盐、醋、熟芝麻，搅拌后淋在沥干的鸡肉上。

钵钵鸡

材料 童草鸡400克，葱花5克

调料 生抽、香油、糖、芝麻、盐各适量，辣椒油60克

做法 ❶ 将童草鸡洗净；葱、姜洗净切末。❷ 沸水中放入鸡烫至断生后取出，速浸入冷水，待冷却后去骨，切大块。❸ 将辣椒油、生抽、香油、盐、糖、芝麻调匀，加至鸡汤中煮沸，放入鸡肉，加入适量葱花即可。

白果椒麻仔鸡

材料 仔鸡500克，白果100克，泡椒50克

调料 盐、鸡精、料酒、辣椒油、青花椒、青椒圈各适量

做法 ❶ 仔鸡治净切块，加盐和料酒腌渍，汆水。❷ 油烧热，放入泡椒、青花椒炒香，加入仔鸡块翻炒，再放入青椒和白果同炒，加适量清水、盐、辣椒油炖煮20分钟，最后放入鸡精，起锅装盘。

红油口水鸡

材料 鸡肉400克

调料 盐、生抽、葱、蒜、熟芝麻各少许，红油10克

做法 ❶ 鸡肉治净，斩件后装盘；葱洗净，切花；蒜去皮，切末。❷ 鸡放入蒸锅蒸10分钟，取出晾凉切块。❸ 用盐、生抽、红油、蒜末调成味汁，浇在鸡肉上，撒上葱花、熟芝麻即可。

山城面酱蒸鸡

材料 鸡肉400克，熟花生米100克

调料 盐、甜面酱、红油、红椒、花椒粉各适量，葱花3克

做法 ❶ 鸡入沸水汆去血污，捞出沥干，斩块装盘；红椒切末。❷ 将甜面酱、盐、红油、花椒粉搅拌均匀制成味汁，浇在鸡肉上，放上花生米，撒上葱花、红椒末，入蒸锅蒸至鸡肉熟透。

太白鸡

材料 清远鸡1只，冬笋条各30克

调料 盐、料酒、红油、淀粉各少许，鲜花椒30克

做法 ①鸡宰杀，清洗干净，去内脏，用盐腌渍入味，入锅煮至熟待用。②锅中下入红油、鲜花椒，加汤及其他调味料与鸡入蒸锅中蒸至熟烂，倒出原汁，勾芡，浇在鸡身上即可。

芝麻仔鸡

材料 仔鸡1200克，熟芝麻各适量

调料 姜末、辣椒油、盐、红油、香油、料酒各适量

做法 ①仔鸡治净，切块，入沸水锅中汆去血水，捞出沥干。②锅中加油烧热，放入姜末炒香，加入鸡块翻炒，再加入适量清水煮至八成熟，然后加入辣椒油、盐、红油、香油、料酒同煮至熟，撒上熟芝麻即可。

天府竹香鸡

材料 鸡1只

调料 盐、酱油、糖、醋、蒜蓉、青椒、红椒各少许

做法 ①鸡治净，煮至六成熟，捞起沥干；青椒、红椒洗净，切丁；蒜蓉入油锅炒香捞出。②将盐、酱油、糖、醋调匀成酱汁，均匀地涂在鸡表面；油锅烧热，放入涂有酱汁的鸡，炸至金黄色，捞起切块，撒上青椒丁、红椒丁、蒜蓉即可。

泡椒三黄鸡

材料 鸡肉200克，莴笋、泡椒各150克

调料 盐、蒜、野山椒、酱油、红油各适量

做法 ①鸡肉洗净，切小块；莴笋去皮洗净，切条；蒜去皮洗净。②热锅下油，入蒜、泡椒炒香后，放入鸡肉、莴笋同炒片刻，加盐、野山椒、酱油、红油调味。③稍微加点水烧一会，即可盛盘。

怪味鸡

材料 鸡块300克，蒜、葱各10克，姜适量

调料 红油20克，盐、白糖各3克，醋5克，味精2克，花椒粉4克

做法

1 锅中放水煮沸后，将洗净的鸡块下入沸水中，煮至熟透后，捞起，沥干水分。

2 将鸡块切成块状，摆入盘中；姜、蒜去皮后，切末；葱切成葱花。

3 取一小碗，调入姜末、蒜末和葱花，加入所有的调味料调成味汁，淋于盘中即可。

芋儿鸡翅

材料 鸡中翅300克，小芋头200克

调料 红油、料酒、酱油、盐、泡椒、鸡精各适量

做法 ❶鸡中翅洗净，沥干；小芋头去皮，洗净沥干备用。❷油烧热，下鸡翅，调入酱油、料酒和红油稍炒后加入小芋头和泡椒同炒，再加入适量水烧开，加入盐和鸡精调味，待鸡翅和小芋头均熟透后起锅即可。

川椒红油鸡

材料 鸡肉400克，红辣椒30克

调料 葱、盐、红油、花椒各少许，酱油10克

做法 ❶鸡肉洗净；红辣椒和葱分别洗净切碎；花椒洗净备用。❷锅中注水烧开，下入鸡肉煮至熟后，捞出切成块；油加热，下入红辣椒和花椒炒香，再加入盐、酱油、葱花和红油，放入鸡肉稍煮至入味即可。

芋儿烧鸡

材料 鸡肉300克，芋头250克

调料 盐3克，泡椒20克，鸡精2克，酱油、料酒、红油各适量

做法 ❶鸡肉洗净，切块；芋头去皮洗净。❷锅下油烧热，放入鸡肉略炒，再放芋头、泡椒炒匀，加盐、鸡精、酱油、料酒、红油调味，加适量清水，焖烧至熟，起锅装盘即可。

飘香麻香鸡

材料 鸡肉400克，熟白芝麻适量

调料 盐、料酒、淀粉、干辣椒、芹菜各适量

做法 ❶鸡肉洗净，用料酒、淀粉、盐拌匀，裹上白芝麻；芹菜、干辣椒洗净，切段。❷油烧热时，下鸡块炸至酥脆，起锅沥油。❸锅中留少许油，下入干辣椒爆香，放入鸡块翻炒，下入芹菜、盐翻炒熟即可。

棒棒鸡

材料 鸡肉300克

调料 盐、酱油、辣椒、熟花生、红油各适量，姜块、葱段、葱花各5克

做法 ❶鸡肉洗净，放入有姜块和葱段的水中煮熟，取出用小木棒轻捶鸡肉，撕成丝放入盘中。❷将盐、酱油、辣椒、熟花生、红油拌做成味汁，淋在装有鸡丝的盘中，撒上葱花即可。

川味香浓鸡

材料 鸡肉300克

调料 辣椒、熟白芝麻、葱花、红油、盐各适量

做法 ❶鸡肉洗净，加盐腌至入味。❷锅中注水烧开，下入鸡肉煮熟后捞出沥干，切成大块，盛入碗中。❸红油加热后倒入碗中，撒上白芝麻、辣椒和葱花即可。

宫保鸡丁

材料 鸡脯肉350克，花生仁150克

调料 干辣椒、葱段、水淀粉、盐、料酒各适量

做法 ❶鸡脯肉洗净拍松，切丁，汆水，加盐、水淀粉、料酒拌匀；干红辣椒洗净切段。❷将盐、水淀粉、料酒兑成味汁，待用。❸热锅下油，放干辣椒、花生炒香，下入鸡丁、葱段炒散，烹入味汁，翻炒至熟即可。

渝州泼辣鸡

材料 鸡肉350克，花生、红椒各适量

调料 盐、鸡精各2克，干椒、红油各适量

做法 ❶将鸡肉洗净，切块；干椒洗净，入油锅炸香，待用；花生入油锅炸香，去皮；红椒去蒂洗净，切圈。❷热锅下油，下入鸡块炒散至发白，放入红椒、花生米炒熟，调入盐、鸡精、红油即可盛盘，干辣椒在旁边摆圈即可。

巴蜀老坛子

材料 大凤爪、猪耳、黄瓜、胡萝卜、西芹各适量

调料 野山椒、指尖椒、醋、姜片、蒜片、葱段、白酒、白糖、盐各适量

做法 ① 黄瓜、胡萝卜、西芹洗净切条；凤爪去爪后，焯水煮至七成熟；猪耳洗净切条。② 野山椒、指尖椒剁碎，姜片和葱、蒜、白酒、白糖加水制成卤水。③ 在卤水中下原材料泡上12小时即可捞出食用。

双椒凤爪

材料 凤爪500克，泡山椒、红椒、西芹各50克

调料 花椒、白醋、白糖、盐、料酒各适量

做法 ① 鸡爪洗净，去趾甲，入沸水锅煮10分钟。② 换水，放入料酒、花椒、盐、凤爪，以中小火焖熟；将泡山椒、白醋、白糖、盐、料酒加凉开水制成调味汁，将煮熟凉透的鸡爪、红椒、西芹浸入，放置半小时。

酸辣鸡爪

材料 鸡爪250克，生菜50克，红椒少许

调料 盐3克，醋6克，红油10克，香菜段少许

做法 ① 鸡爪洗净，切去趾尖；生菜取叶洗净，铺在盘底；红椒洗净，去籽切丝。② 将鸡爪放入沸水中煮熟，捞出晾凉，装盘。③ 用盐、醋、红油调成味汁，淋在鸡爪上，撒上红椒丝、香菜段即可。

鸡粒碎米椒

材料 面粉300克，红椒50克，鸡脯肉200克，青椒100克

调料 盐、鸡精各3克，发酵粉、水淀粉、葱花适量

做法 ① 鸡脯肉剁成丁，用水淀粉腌渍；红椒切丁；青椒切圈。② 面粉加水与发酵粉发酵1小时，做成蝴蝶状，上锅蒸熟摆盘。鸡丁入油锅滑炒，放入红椒、青椒翻炒熟，调入盐、鸡精炒匀，撒入葱花。

红油土鸡

材料 土鸡1只，青椒、红椒各20克

调料 盐、酱油、红油、干辣椒各适量，葱少许

做法 ❶土鸡治净，切块；青椒、红椒洗净，切片；干辣椒洗净，切圈；葱洗净，切花。❷锅中注油烧热，放入鸡块翻炒至变色，再放入青椒、红椒、干辣椒炒匀。注入适量清水，倒入酱油、红油煮至熟后，加入盐调味，撒上葱花即可。

芙蓉鸡片

材料 鸡脯肉400克，鸡蛋2个

调料 葱花、姜丝、料酒、盐、水淀粉、鸡精各适量

做法 ❶鸡脯肉剁成茸状，加盐、鸡精、水淀粉拌匀；鸡蛋打入碗中，加盐搅匀。❷油烧热，鸡脯肉滑炒至熟捞出；锅底留油，鸡蛋滑炒至熟捞出。油烧热，姜丝炒香，加鸡脯肉和鸡蛋翻炒入味，调入盐、料酒、水淀粉，撒上葱花，装盘。

惹味口水鸡

材料 鸡肉300克，芝麻、花生仁10克

调料 豆瓣酱、葱段、姜片、盐、葱花、花椒各适量

做法 ❶鸡肉洗净斩块，加盐腌渍。❷油烧热，放入葱姜、花椒爆香。用滤网滤去花椒、葱、姜。热油倒入豆瓣酱，调和均匀。❸烧水，水沸后将鸡肉煮熟，摆盘，将调和均匀的酱汁撒在鸡肉上，撒少许葱花、花生花生仁、芝麻即可。

红顶脆椒鸡

材料 鸡肉300克，红椒80克，白菜叶少许

调料 盐3克，酱油、醋、料酒、五香粉各适量

做法 ❶白菜叶洗净，摆盘；红椒去蒂洗净，切圈。❷鸡肉洗净，斩件，加料酒、盐、酱油、醋、五香粉腌渍片刻后，摆在白菜叶上，入蒸锅蒸至熟透后，取出。❸将红椒摆在蒸熟的鸡肉上即可。

左宗棠鸡

材料 鸡腿2只(约500克)，干红辣椒30克，蒜瓣20克，鸡蛋1个

调料 姜10克，酱油8克，白醋6克，白糖4克，辣椒油5克，干淀粉10克，湿淀粉10克，盐6克，味精2克，香油5克

做法

1 盐、味精、白醋、酱油、白糖加清水兑成汁待用；蒜瓣和姜洗净切成米粒状。

2 将鸡腿洗净，切成3厘米见方的块，用盐、鸡蛋、干淀粉稍腌，下入八成热的油锅，炸至外焦内嫩时，倒入漏勺沥油。

3 锅内留油，下姜米、蒜米和干红辣椒，煸炒出香味，倒入味汁，然后下入炸好的鸡块，用湿淀粉调稀勾芡，翻炒几下，淋辣椒油和香油，出锅装盘即成。

芽菜飘香鸡

材料 烤鸡1000克，芽菜200克

调料 青椒、红椒、蒜、盐、香辣粉、酱油各适量

做法 ❶ 将烤鸡切成块，摆放在盘中；青椒、红椒、蒜洗净切丁。❷ 热锅烧油，下入青椒、红椒、蒜爆香，然后加入芽菜炒熟。❸ 将芽菜倒入烤鸡上即可。

鸡丝豆腐

材料 豆腐150克，熟鸡肉25克

调料 香菜、红椒、盐、芝麻、花生米、葱花、红油各适量

做法 ❶ 豆腐洗净，入水中烫熟切片；熟鸡肉洗净，撕成丝；香菜、花生米洗净；红椒洗净切丁；油烧热，下花生米炸熟。❷ 调味料调成味汁，将味汁淋在鸡丝、豆腐上，撒葱花即可。

罗汉笋红汤鸡

材料 罗汉笋150克，鸡400克

调料 盐、葱花、料酒、红油、熟芝麻、姜块各适量

做法 ❶ 罗汉笋洗净，入水中煮熟，捞出；鸡治净，下入清水锅中，加姜块、料酒、盐煮好，捞出切条，放在罗汉笋上。❷ 红油淋在鸡块上，撒上葱花和熟芝麻。

丰收大盆鸡

材料 鸡肉400克，玉米、豆角、白萝卜各适量

调料 干红辣椒、红椒、盐、生抽各适量

做法 ❶ 鸡肉洗净切块；玉米洗净切块；豆角去头尾洗净，切段；白萝卜去皮洗净，切块；干红辣椒、红椒均洗净，切块。❷ 油烧热，入干红辣椒、红椒炒香后，入鸡肉翻炒，再放入玉米、豆角、白萝卜同炒，加盐、生抽炒匀。加适量清水焖烧至熟，盛盘即可。

葱油鸡

材料 鸡肉适量

调料 盐、葱白、葱油、酱油、蒜头、香菜段各适量

做法 ❶鸡治净；葱白洗净切块。❷鸡入开水煮熟，捞出晾凉切块，装盘；蒜头去皮入开水稍烫，捞出放盘中；用盐、酱油、葱油调成味汁，淋在盘中，撒香菜、葱白即可。

美味豆豉鸡

材料 鸡肉300克，豆豉酱50克，熟花生仁适量

调料 葱、红椒、姜各15克，盐3克，红油适量

做法 ❶鸡肉洗净备用；葱洗净，切花；红椒去蒂洗净，切圈；姜去皮洗净，切片。❷将鸡肉放入汤锅中，放入姜片、盐，加适量清水，将鸡肉煮至熟透后，捞出沥干，待凉，切成块，摆盘。淋入红油，将豆豉酱、熟花生仁、葱、红椒放在鸡肉上即可。

东安子鸡

材料 母鸡1只，清汤100克

调料 姜、干红辣椒、淀粉、料酒、葱、盐各适量

做法 ❶鸡洗净切块，鸡胸、鸡腿切条；姜洗净切细丝；干红辣椒洗净切末。❷油锅烧热下鸡肉、姜丝、干辣椒煸炒，出香后放料酒、盐、清汤，放入淀粉、葱丝，出锅即成。

湘轩霸王鸡

材料 鸡半只

调料 盐3克，味精1克，红油5克，熟芝麻适量，料酒10克，酱油5克，葱适量

做法 ❶鸡治净，斩件后摆盘；葱洗净，切花。❷将鸡放入蒸锅中蒸10分钟，取出。❸油锅烧热，下盐、味精、料酒、酱油、红油炒香，倒入蒸盘中的鸡汤，淋在鸡身上，最后撒上葱花、熟芝麻。

果酪鸡翅

材料 鸡翅500克，菠萝200克，葡萄100克

调料 盐2克，味精1克，鸡精1克，淀粉5克

做法 ❶鸡翅洗净切块，加盐、味精、鸡精腌入味，拍上淀粉，投入锅中炸至金黄色，取出。❷菠萝剥皮切细块，葡萄洗净备用。❸锅上火，加入少许底油，放入鸡翅、菠萝、葡萄熘炒入味，即可。

乡村炒鸡

材料 土鸡300克，木耳、干豆角、红椒各少许

调料 盐、味精、老抽、醋、葱段各适量

做法 ❶土鸡治净切块，斩块后氽水捞出；木耳泡发洗净撕片；干豆角浸水略泡后切段。❷油锅烧热，倒入鸡块翻炒片刻，调入老抽、醋爆炒至鸡肉变色，加入木耳、干豆角、红椒同炒。待熟后，加入盐、味精调味，撒上葱段即可。

红椒嫩鸡

材料 鸡腿肉350克，蒜苗25克，红椒30克，大蒜8克

调料 葱丝、味精、盐、花椒、麻油各适量，姜片8克

做法 ❶鸡腿肉洗净切成小块；红椒洗净切成小块；大蒜洗净切片；蒜苗洗净切段。❷鸡块用盐、花椒、味精腌渍5分钟入味。❸锅置火上，加油烧热，下入鸡块爆香，再加入红椒、蒜片、蒜苗段及葱丝、麻油、姜片一起炒匀至入味即可。

香蕉滑鸡

材料 鸡脯肉500克，香蕉5根，鸡蛋5个

调料 盐、胡椒粉、面粉、面包糠各适量

做法 ❶鸡脯肉洗净切片，抹上盐和胡椒粉腌渍。❷鸡蛋打入碗中，放入面粉和面包糠搅匀。❸香蕉去皮，用鸡肉裹住，并裹上鸡蛋面糊。❹锅中加油烧热，下入香蕉鸡，煎至呈金黄色时捞出；将放凉了的香蕉鸡切成任意形状，装盘即可。

泡椒三黄鸡

材料 鸡肉200克，莴笋150克，泡椒150克

调料 盐3克，蒜20克，野山椒、酱油、红油各适量

做法 ❶ 鸡肉洗净，切小块；莴笋去皮洗净，切条；蒜去皮洗净。❷ 热锅下油，加入蒜、泡椒炒香后，放入鸡肉、莴笋同炒片刻，加盐、野山椒、酱油、红油调味。❸ 稍微加点水烧一会儿，即可盛盘。

小煎仔鸡

材料 鸡400克，青、红椒条各50克

调料 蚝油、料酒各10克，盐、味精、淀粉、红油各适量

做法 ❶ 鸡洗净，切块，加料酒、盐，入味去腥，加淀粉抓匀。❷ 油锅烧热，放青、红椒，爆香，下鸡肉，加蚝油拌匀，炒至鸡肉水分完全收干，放入盐、味精翻炒，淋入红油即可出锅。

板栗辣子鸡

材料 鸡300克，板栗100克，青、红椒圈各少许

调料 高汤适量，盐3克，酱油20克，蒜末、姜末各8克

做法 ❶ 鸡洗净，切块；板栗剥皮洗净，滤干。油烧热，放板栗肉炸成金黄，入鸡块煸炒，下酱油、姜、盐、蒜、高汤焖熟。❷ 取瓦钵1只，将鸡块、板栗连汤一齐倒入，置火上煨至八成烂，再入炒锅，放青、红椒圈，炒至汁干即可。

家常小炒鸡

材料 鸡500克

调料 葱、姜末各10克，蚝油、料酒各5克，盐3克，淀粉、青红椒、豆瓣酱各适量

做法 ❶ 青、红椒均去蒂洗净；鸡洗净切块，加料酒、葱、姜末去腥，加入淀粉抓匀。❷ 油锅烧热，放青、红椒和豆瓣酱，炒出香味，倒入鸡肉，加入蚝油拌炒至鸡肉水分完全收干，放入盐，翻炒即可出锅。

泉水鸡

材料 鸡800克，矿泉水适量

调料 盐4克，味精2克，酱油10克，料酒15克，泡椒、香菜、鲜汤各适量

做法 ❶鸡洗净，切块，加盐、料酒进行腌渍。❷油锅烧热，下鸡肉块，加料酒，煸干水分；另起锅，加入泡椒稍炒，掺入鲜汤和矿泉水，倒入鸡肉，加盐、味精、酱油炒匀，起锅装入碗中，撒上香菜即可。

白果鸡脆

材料 鸡肉250克，白果150克，杏仁20克，胡萝卜20克

调料 酱油、鸡精、盐各适量，葱段30克

做法 ❶鸡肉洗净，切块；白果去皮、尖、心，洗净；胡萝卜洗净，切片；杏仁入锅煮熟后，捞出。❷油锅烧热，放鸡块炒熟，再放入白果、杏仁、胡萝卜翻炒至熟，加入葱段、酱油、鸡精、盐炒入味即可。

风味手撕鸡

材料 鸡脯肉400克，红椒30克

调料 盐6克，味精2克，花椒10克，香油20克，姜、醋各15克

做法 ❶鸡脯肉洗净，红椒切丝备用。❷鸡脯肉用冷水加盐、花椒、姜、红椒丝同煮15分钟，捞出，撕成条。❸将盐、味精、醋拌匀，淋在鸡肉上，拌均匀，再淋上香油即可。

红焖家鸡

材料 鸡600克，西蓝花100克，青、红椒圈各30克，蒜20克

调料 盐5克，豆瓣酱、酱油、料酒各15克

做法 ❶鸡切块；西蓝花掰成朵；蒜切半。❷油锅烧热，放入豆瓣酱炒香，再加入鸡块、盐，炒匀，加料酒、酱油、水焖熟，再加入青红椒、蒜。❸西蓝花烫熟，捞出，放在菜的周围即可。

南瓜蒸滑鸡

材料 鸡肉、南瓜各250克

调料 盐4克,酱油、葱花、辣椒丁、味精各10克

做法 ❶鸡肉洗净,切块,加盐、味精、酱油腌15分钟;南瓜洗净,去皮,切成菱形块。❷油锅烧热,入鸡肉煸炒,下盐、味精、酱油调味。❸南瓜盛盘,上面放上鸡肉,撒上葱花、辣椒丁,再上笼蒸熟即可。

神仙馋嘴鸡

材料 鸡胸肉300克,松子200克,花生米50克

调料 青辣椒、红辣椒各20克,盐2克,酱油3克

做法 ❶鸡胸肉洗净切丁,用少许盐、酱油抹匀腌渍;青、红辣椒洗净切碎;松子、花生米分别洗净。❷锅中倒油加热,下入鸡胸肉炸熟,倒入青辣椒、红辣椒炒入味。❸倒入松子和花生米炒熟,加盐调味后出锅。

玉米炒鸡肉

材料 鸡脯肉150克,玉米粒100克,青、红椒各50克

调料 盐、料酒、姜各5克,鸡精3克

做法 ❶鸡脯肉洗净剁成末;青、红椒去蒂洗净切丁;玉米粒洗净。将鸡脯肉加盐、料酒、姜腌入味,入锅中滑炒后捞起待用。❷油烧热,炒香玉米粒、青椒、红椒,再入鸡肉末炒入味,调入盐、鸡精,即可起锅。

生嗜三黄鸡

材料 三黄鸡1只,土豆、水发香菇、洋葱各适量

调料 青红椒、盐、酱油、香油各少许

做法 ❶三黄鸡洗净切块;青红椒、洋葱均洗净切块;土豆去皮,洗净,切块;水发香菇洗净。❷油锅烧热,放入鸡肉爆炒,再加入青红椒、土豆、水发香菇、洋葱同炒15分钟。❸调入盐、酱油、香油即可。

柠檬凤爪

材料 凤爪250克，柠檬100克，姜、葱各10克
调料 盐2克，鸡精粉1克，白砂糖3克，生粉水适量
做法

① 凤爪斩去趾洗净，柠檬1个切片备用，姜去皮切片，葱留葱白切段。

② 净锅上火，放入适量清水，加入凤爪、盐、鸡精粉、姜片、葱段、挤入2个分量的柠檬汁，大火煮沸后，转用小火煲约30分钟，捞出沥干水分，装入盘中。

③ 净锅上火，注入少许清水，放入白砂糖、柠檬片煮沸，转用小火，调入生粉水勾成芡汁，淋入盘中凤爪上即可。

脆椒小香鸡

材料 鸡肉、花生米各适量

调料 干红椒段20克，葱末、花椒各10克，醋、料酒各5克，盐4克，味精2克

做法 ❶鸡肉洗净，切丁，放料酒、盐入味；油锅烧热，入鸡丁爆炒至呈金黄色时，盛起留油。❷锅中下干红椒、花生米和花椒炒出香味，再加入鸡丁、味精、醋、葱末，翻炒至汤汁收干，起锅装盘即成。

果肉鸡卷

材料 鸡胸肉300克，苹果150克，蛋液少许

调料 盐3克，淀粉20克

做法 ❶将鸡胸肉洗净，切成片；苹果洗净，切小块。❷将鸡肉放入碗中，调入盐，腌渍入味。❸将苹果放在鸡片上，然后卷成圆筒状。❹将苹果鸡卷裹上淀粉，放入蛋液中浸泡片刻，后放入微波炉中以高火烘烤约2分钟，取出翻面再烘烤2分钟即可。

碧绿川椒鸡

材料 去骨鸡腿肉400克，珍珠叶丝50克，鸡蛋清适量，川椒酱25克

调料 盐4克，料酒、水淀粉各15克

做法 ❶鸡腿肉切片，加盐、料酒、蛋清、水淀粉上浆；珍珠叶丝入油锅炸脆捞出，沥油，铺在盘里。❷油烧热，下鸡肉滑透。留底油，下川椒酱，再入鸡肉翻裹匀，盛入铺有珍珠叶丝的盘中。

椒香鸡腿

材料 鸡腿250克，葱白15克，姜片20克

调料 盐、五香粉各3克，花椒10克，酱油、料酒各适量

做法 ❶鸡腿洗净；花椒洗净；葱白洗净切段。❷将鸡腿放入碗中，调入盐、酱油、料酒、五香粉，腌渍入味。❸再放入花椒、葱、姜片，搅拌均匀。❹最后放入微波炉中高火烘烤约6分钟，待熟后取出，即可食用。

麻花辣子鸡

材料 鸡700克，小麻花150克，鸡蛋2个，熟芝麻5克

调料 盐4克，花椒粒10克，料酒、姜末、蒜蓉各15克，淀粉、干红椒段各40克

做法 ❶鸡蛋打散搅匀；鸡洗净切块，用鸡蛋、淀粉、盐、料酒腌渍。❷油锅烧热，下鸡块爆炒，放干红椒、花椒粒、姜末、蒜蓉炒香，再放小麻花、盐炒匀，撒上芝麻即可。

柠檬鸡块

材料 鸡腿肉300克，柠檬汁、香菜各适量

调料 盐、白糖、花椒、淀粉、蛋清、香油、水淀粉各适量

做法 ❶鸡腿肉洗净切块，用花椒、蛋清和淀粉拌匀腌渍；香菜洗净切碎。❷油锅烧热，下鸡块炸至金黄色，下柠檬汁和盐、白糖翻炒片刻，用水淀粉勾芡，淋入香油，起锅盛盘，撒上香菜即可。

咖喱鸡块

材料 鸡500克，土豆、花菜、西红柿、鸡蛋清、水淀粉各适量

调料 盐4克，孜然5克，香菜10克，咖喱块50克

做法 ❶鸡治净切丁，用盐、水淀粉、蛋清拌匀，上浆入味；土豆、西红柿、花菜洗净切块备用。❷油锅烧热，入鸡丁炒至变色，放土豆、花菜、西红柿炒匀。❸放入咖喱块煮溶，加入孜然，撒上香菜装盘即可。

黄瓜鸡片

材料 鸡脯肉200克，黄瓜、水发木耳、红椒片、鸡蛋清各适量

调料 淀粉、盐、胡椒粉、鸡油、高汤各适量

做法 ❶黄瓜去皮切片；木耳洗净，切片；鸡肉洗净，剁片，拌入盐、高汤、鸡蛋清和淀粉调匀。❷油锅烧热，加鸡片、黄瓜片、盐、胡椒粉、木耳、红椒片烧入味，起锅装盘，淋鸡油即成。

五彩鸡丝

材料 鸡脯肉、鲜香菇、土豆、青椒、红椒、胡萝卜各适量

调料 盐3克，味精2克，料酒8克，淀粉15克

做法 ①鸡脯肉、青红椒、香菇均洗净，切丝；土豆、胡萝卜均去皮，洗净，切丝；鸡脯肉用淀粉、盐、味精腌渍半小时。②油锅烧热，加鸡丝快炒，再入香菇、土豆、青红椒、胡萝卜拌炒，烹料酒，装盘即可。

金针菇鸡丝

材料 鸡胸肉250克，金针菇50克，红辣椒20克

调料 盐、葱、姜、料酒、淀粉、香油各适量

做法 ①鸡胸肉洗净切丝，姜去皮洗净切末，皆放入碗中加料酒、淀粉抓拌腌渍；葱、红辣椒分别洗净，切丝；金针菇洗净，切除根部。②热锅下油，放入鸡丝、金针菇及适量水炒熟，加入盐炒匀，盛起，撒上葱及红辣椒，再淋上香油即可。

芝麻鸡柳

材料 鸡脯肉300克，鸡蛋液50克，熟芝麻10克

调料 干辣椒、低筋粉、脆炸粉、盐、料酒各适量

做法 ①低筋粉和脆炸粉加水调成糊，加鸡蛋液、盐、料酒拌匀，制成面糊。②鸡脯肉洗净，切条，放面糊中滚匀，再裹一层低筋粉。③油烧热，放干辣椒、鸡条，慢炸至表面金黄酥脆，捞出沥油装盘，撒上熟芝麻即可。

农夫鸡

材料 鸡600克

调料 盐3克，料酒10克，水淀粉、酱油各15克，葱末、姜末各适量

做法 ①鸡洗净，切块，用盐、料酒、水淀粉、酱油拌匀，放入油锅中炸上色后捞出。②用油锅爆葱末、姜末，加水、料酒、酱油烧开，放入鸡，改小火煮20分钟，待汤汁浓稠后，起锅装盘即可。

山城香锅鸡

材料 鸡500克

调料 大葱20克，盐3克，老抽10克，料酒8克，红油、醋各12克，姜末5克，鲜汤适量

做法 ① 鸡洗净，切块，用料酒和老抽拌匀腌渍；大葱洗净，切段。② 油锅烧热，下姜末爆香，放入腌渍好的鸡块爆炒，加入鲜汤烧开，烹入盐、老抽、料酒。③ 再加入醋、红油，起锅后撒上葱即可。

铁锅稻香鸡

材料 鸡肉、青菜梗各适量

调料 盐3克，酱油10克，糖4克，红椒20克

做法 ① 鸡洗净，涂上酱油，入油锅中炸上色后捞出；红椒、青菜梗洗净，切条。② 鸡洗净，涂上酱油，入油锅中炸上色后捞出；红椒、青菜梗洗净，切条。

脆笋干锅鸡

材料 鸡500克，竹笋200克

调料 盐4克，花椒5克，姜末25克，淀粉、八角、桂皮、鲜肉汤各适量，干红椒段50克

做法 ① 鸡切块；竹笋用清水浸泡后洗净。② 油锅烧热，煸炒鸡块，下姜末、干红椒、花椒、八角、桂皮继续煸炒，加竹笋同炒，调入盐，倒入鲜肉汤煨烧，待鸡肉色泽红亮时，用淀粉勾芡起锅即可。

干锅手撕鸡

材料 鸡肉400克，腐竹100克

调料 盐5克，红椒圈50克，葱段10克，辣椒酱、料酒各15克

做法 ① 腐竹泡发，切段；鸡肉入开水中煮熟，撕成细条。② 红椒圈、辣椒酱爆炒出香味，倒入鸡肉，炒匀，加料酒和盐，再放腐竹，翻炒至各材料均入味，放入锅仔中，加葱段一边加热一边吃。

红椒嫩鸡

材料 鸡腿肉350克，蒜苗25克，红椒30克，大蒜8克

调料 葱丝、味精、盐、花椒、麻油各适量，姜片8克

做法

1. 鸡腿肉洗净切成小块；红椒洗净切成小块；大蒜洗净切片；蒜苗洗净切段。

2. 鸡块用盐、花椒、味精腌渍5分钟入味。

3. 锅置火上，加油烧热，下入鸡块爆香，再加入红椒、蒜片、蒜苗段及葱丝、麻油、姜片一起炒匀至入味即可。

腰果鸡丁

材料 鸡肉300克，熟腰果80克

调料 淀粉、料酒、盐、葱末、姜末、蒜末、鸡汤各适量

做法 ❶鸡肉切丁，用淀粉上浆。❷油烧热，放鸡丁滑熟盛出；腰果炸至金黄色后，捞出沥油；另起锅加油烧热，下葱、姜和蒜爆锅，加入鸡汤、盐、料酒，烧开后放入鸡丁和腰果，勾芡，装盘即可。

红焖鸡蓉球

材料 鸡脯肉蓉250克，肥膘肉蓉、鸡蛋清各50克

调料 料酒、鸡油各10克，盐4克，水淀粉3克

做法 ❶鸡脯肉蓉、肥膘肉蓉加料酒、盐和蛋清拌成鸡蓉，挤成丸子。❷油烧热，将鸡丸子逐个放入，炸至外表结壳时，沥油；炒锅置火上，放料酒、盐，用水淀粉勾芡，将鸡丸入锅内，滑熟后装入盘中，淋上鸡油即成。

板栗烧鸡翅

材料 鸡翅600克，板栗150克

调料 葱、姜、盐、料酒、冰糖、香油、高汤各适量

做法 ❶将鸡翅洗净斩成块。❷油锅烧热，下入板栗炸至外酥，捞起待用。❸锅内留油少许，放入鸡翅、盐、冰糖、料酒、葱、姜炒匀，再加入板栗和高汤烧透，勾芡，淋香油，起锅装盘即成。

可乐鸡翅

材料 鸡翅500克，可乐适量

调料 酱油适量

做法 ❶将鸡翅洗净，剁成小块，再放入开水中汆一下，捞出备用。❷将鸡翅放入锅中，加入可乐、酱油及适量清水，用旺火烧开。❸再改用小火慢烧，不断翻动，烧至鸡翅熟烂，汤汁浓，起锅装盘即可。

红酒鸡翅

材料 鸡翅400克，板栗150克

调料 盐4克，红酒100克，冰糖50克

做法 ❶鸡翅洗净，沥水；板栗洗净煮熟，捞出去皮。❷油锅烧热，放鸡翅煎一分钟，倒红酒没过鸡翅后再放一点，再加入冰糖，待融化，放板栗和盐，大火烧开，中小火烧至汤汁浓稠，大火收汁即可。

卤鸡翅

材料 鸡翅600克，蒜、葱段、姜片各20克

调料 盐3克，冰糖、料酒、酱油各适量，综合卤包1个

做法 ❶蒜去皮，洗净拍碎。❷鸡翅洗净，放入开水中，加入一半葱及姜片烫熟，捞出。❸锅中放水、酱油、盐、冰糖、料酒、综合卤包、蒜，加剩下的葱段和姜片，再加入鸡翅煮开，熄火焖3小时，捞出鸡翅，盛入盘中，即可。

鲜果炒鸡丁

材料 鸡脯肉350克，木瓜丁、苹果丁、火龙果、哈密瓜丁各100克

调料 白糖、味精、水淀粉、盐、料酒、蛋清、葱末

做法 ❶火龙果果肉切丁。❷鸡脯肉切丁，加盐和料酒腌渍入味，再加蛋清和水淀粉上浆，用热油将鸡丁滑熟。❸油烧热，下葱末爆香，入鸡丁和水果丁，放其他调料炒匀，装盘即可。

菠萝鸡丁

材料 鸡肉100克，菠萝300克，鸡蛋液适量

调料 酱油、料酒、水淀粉、糖、盐各适量

做法 ❶菠萝切两半，一半去皮用淡盐水略腌，洗净切小丁；另一半菠萝挖去果肉，做盛器。❷鸡肉洗净切丁，加酱油、料酒、鸡蛋液、水淀粉、糖、盐拌匀上浆。❸锅中油烧热，放入鸡丁炒至八成熟时，放入菠萝丁炒匀，盛入挖空的菠萝中即可。

麻辣凤爪

材料 鸡爪500克，干辣椒50克

调料 盐4克，味精2克，料酒10克，醋15克，花椒20克，红油适量

做法 ①鸡爪洗净；干辣椒洗净，切段备用。②锅中加水烧开，下鸡爪焖煮至熟，泡冷水后捞出。③油锅烧热，入干辣椒、花椒、盐、味精、红油、醋、料酒，煸出香味，淋在鸡爪上即可。

泡椒鸡掌

材料 鸡掌250克，泡红椒、莴笋各100克

调料 盐4克，料酒8克，花椒粉少许，红油10克

做法 ①莴笋去皮，洗净，切丁，焯水后捞出；泡红椒洗净切丁；鸡掌洗净，切丁。②油锅烧热，下鸡掌滑炒至熟后，捞出备用。③原锅留油，爆香泡红椒、莴笋，再下入鸡掌翻炒几分钟，加入盐、料酒、花椒粉、红油调味即可。

鲜椒丁丁骨

材料 鸡节骨350克，青椒、红椒各适量

调料 盐3克，味精2克，料酒、酱油、糖各适量

做法 ①鸡节骨洗净；青椒、红椒洗净，切圈备用。②油锅烧热，放入鸡节骨，加盐、料酒、酱油、糖，翻炒均匀。③待鸡节骨八成熟时，放入青椒、红椒翻炒，加入味精即可。

香辣鸡脆骨

材料 鸡脆骨500克，花生米50克，干辣椒段、青椒圈各15克

调料 盐5克，水淀粉20克，葱花15克

做法 ①鸡脆骨、花生米洗净。②鸡脆骨加盐、水淀粉上浆；油烧热，将花生米炸好捞出，切碎；另起油锅，放干辣椒、鸡脆骨，加盐炒匀，加青椒、花生米，与鸡脆骨搅匀，撒入葱花即可。

藕丁鸡脆骨

材料 鸡脆骨350克，莲藕150克，熟芝麻少许

调料 红辣椒50克，盐5克，淀粉8克，香油6克，葱段20克

做法 ❶ 莲藕去皮，洗净，切丁；鸡脆骨洗净，入油锅中炸至金黄。❷ 红辣椒洗净，切粒。❸ 油锅烧热，炒香红辣椒，放入鸡脆骨，加入盐、葱段翻炒，再用淀粉勾芡，撒上熟芝麻，淋入香油即成。

碧绿鲍汁鸡肾

材料 鲍汁80克，鸡肾250克，西蓝花200克

调料 鸡精3克，盐2克，老抽5克，料酒适量

做法 ❶ 鸡肾洗净，切十字花刀；西蓝花洗净，掰成朵，入沸水中焯水，捞出摆盘。❷ 油锅烧热，放鸡肾爆炒熟后，捞出盛盘；锅中再加油烧热，下鲍汁、鸡精、老抽、盐、料酒炒匀，淋在盘中鸡肾上即可。

春笋炒鸡肾

材料 春笋150克，鸡肾200克，淀粉少许

调料 泡椒、泡姜、葱段、料酒、盐、味精各适量

做法 ❶ 春笋洗净切片，鸡肾洗净去筋改刀码上盐、淀粉；泡姜、泡椒洗净改刀。❷ 油烧热，放入泡椒、鸡肾炒散，放入春笋片、泡姜、泡椒、葱段一起炒匀。❸ 最后烹入料酒、味精，用淀粉勾芡，炒匀起锅即成。

双椒炒鸡肝

材料 鸡肝400克，青椒100克，红椒50克

调料 盐、味精、料酒各适量，淀粉10克，姜1块

做法 ❶ 鸡肝洗净切片，青椒、红椒、姜洗净切片。❷ 锅内放油，将鸡肝快速过一下油，捞出；锅内留油，将青椒、红椒炒香，下姜片、鸡肝旺火翻炒，调入味精、盐、料酒，加淀粉勾芡，装盘即成。

双丝鸡胗

材料 鸡胗400克，熟芝麻少许

调料 盐、醋、酱油、花椒油、香菜、葱白丝、红椒丝、葱各适量

做法 ①鸡胗洗净，切片；香菜洗净；葱洗净，切花。②油锅烧热，入鸡胗炒至发白后，加红椒丝、葱白丝、香菜炒匀。③再加盐、醋、酱油、花椒油炒至熟，撒上葱花、熟芝麻即可。

干椒爆鸡胗

材料 鸡胗300克，芹菜段适量

调料 盐3克，醋8克，酱油10克，干辣椒适量

做法 ①鸡胗洗净，切成大片；干辣椒洗净，切成斜段。②油锅内注油烧热，放入鸡胗翻炒至变色，加入芹菜段、干辣椒一起炒匀。③再加入盐、醋、酱油翻炒至熟后，起锅装盘即可。

泡椒鸡胗

材料 鸡胗500克，野山椒、红泡椒、蒜、姜各10克

调料 盐5克，鸡精2克，胡椒粉2克

做法 ①鸡胗洗净切十字花刀；蒜、姜洗净切片。②锅上火，注入清水，调入少许盐，水沸后放入鸡胗汆烫，至七成熟捞出，沥干水分。③锅上火，油烧热，放入姜片、蒜片、野山椒、红泡椒炒香，入汆好的鸡胗，调入盐、鸡精、胡椒粉炒至熟即可。

椒盐鸡软骨

材料 鸡软骨200克，鸡蛋2个

调料 椒盐20克，生抽、盐、淀粉各少许，葱、姜各5克，青椒、红椒各3克

做法 ①葱洗净切花；姜洗净切末；青、红椒洗净切粒；鸡软骨洗净，先用淀粉、盐、鸡蛋、生抽腌渍入味。②鸡软骨下锅炸至金黄色，捞出沥干油。③再撒上椒盐、葱花、青椒粒、红椒粒、姜末配色即可。

酸豆角炒鸡杂

材料 酸豆角200克，鸡杂150克，指天椒20克

调料 盐2克，味精3克，酱油5克

做法 ❶将酸豆角稍泡去掉咸味后，切成长段。❷鸡杂洗净切麦穗花刀，再用盐、酱油腌渍一会儿。❸油烧热，下入鸡杂、酸豆角、指天椒爆炒熟后加入味精即可。

白椒鸡胗

材料 鸡胗250克，水发木耳片150克，白椒段50克

调料 盐、糖、蒜苗段、姜丝、淀粉、料酒、醋、水淀粉、鲜汤、红椒圈各少许

做法 ❶鸡胗洗净切片；在碗中加入盐、料酒、糖、醋、水淀粉及鲜汤调匀成味汁待用。❷油锅烧热，下鸡胗、姜丝、白椒爆炒，加木耳、红椒圈、蒜苗段同炒，烹入味汁，炒匀后出锅即可。

鸡胗黄瓜钱

材料 黄瓜、鸡胗各200克

调料 盐、花雕酒、淀粉、香油、红椒片、鸡精、葱末、姜片、蒜片各适量

做法 ❶黄瓜切金钱片，焯水；鸡胗洗净，切片，汆水后快速捞出。❷油锅烧热，放入葱末、姜片、蒜片略煸，把鸡胗、黄瓜钱、红椒片倒入锅内，加花雕酒、盐、鸡精，翻锅勾芡，淋香油即可。

小炒鸡三样

材料 鸡肠、鸡心、鸡胗各100克，蒜薹、红椒各50克

调料 红油、香油各10克，盐3克，料酒8克

做法 ❶蒜薹洗净，切段；红椒洗净，切圈；鸡肠、鸡心、鸡胗均治净，切块，加入料酒去腥味。❷油锅烧热，下鸡肠、鸡心、鸡胗爆炒，加红椒、蒜薹续炒，加盐炒匀，淋上香油、红油即可。

泡椒鸡心

材料 鸡心150克，泡椒80克，姜10克，西芹30克

调料 盐、味精、鸡精各适量

做法

① 鸡心洗净去油（黄色部分）；西芹、姜洗净切 菱形。

② 将鸡心下开水锅中过沸水后捞出沥干。

③ 烧热油，下泡椒、姜炒香，入西芹、鸡心翻炒至 熟，再调入盐、味精、鸡精即可。

炒香菇鸭

材料 鸭400克,香菇50克,青椒、红椒各适量

调料 盐、老抽、泡椒、干辣椒、葱白段各适量

做法 ❶将鸭治净,切块汆水;青椒、红椒去蒂洗净,切片;干辣椒洗净,切段;香菇泡发洗净。❷热锅下油,放入干辣椒、香菇、鸭块大火翻炒至变色,再放入青椒、红椒、泡椒、葱白段同炒。炒至熟后,加入盐、老抽炒匀即可。

小炒仔洋鸭

材料 鸭肉250克,红椒100克

调料 盐3克,味精1克,酱油8克,香菜少许

做法 ❶鸭肉洗净,切片;红椒洗净,切圈;香菜洗净待用。❷油锅烧热,倒入鸭肉炒至变色,再加入红椒、香菜翻炒片刻。❸调入盐、味精、酱油炒匀,即可出锅。

啤酒鸭

材料 净鸭半只,啤酒1瓶

调料 香菜、红辣椒、葱段、姜片、蒜苗、酱油、蚝油、鸡精、盐、白糖各适量

做法 ❶鸭子切块,入沸水汆去腥味;蒜苗、红辣椒切片;香菜切段。❷姜片、红辣椒爆香,放入鸭肉一起炒,加盐、啤酒、葱段,加盖焖煮至汤水收干,加入蒜苗、香菜、酱油、蚝油、鸡精和白糖。

鸭肉扣芋头

材料 鸭肉400克,芋头500克

调料 盐、生粉、胡椒粉、蒸肉粉、葱、姜各适量

做法 ❶鸭肉洗净剁块;芋头去皮切片,摆碗底。❷鸭肉加老干妈辣酱、蒸肉粉、生粉拌匀腌一小会,然后倒入芋头碗中。❸锅内注入适量水,上蒸架,放鸭肉、芋头入锅,撒上胡椒粉、盐蒸1小时,取出扣入盘中即可。

焖仔鸭

材料 鸭肉300克，茄子100克

调料 盐、酱油、老抽、青椒、红椒、糊子酒各适量

做法 ❶鸭肉洗净，切成小块；茄子去皮洗净，切丁；青椒、红椒洗净，切圈。❷油锅烧热，下鸭肉炒至七成熟，放入茄子及青椒、红椒同炒。调入盐、酱油、老抽，烹入糊子酒，焖至汁水收干，即可装盘。

小炒鸭掌

材料 鸭掌400克，青椒、红椒各15克

调料 盐、醋、酱油、蒜苗段各适量

做法 ❶鸭掌洗净，煮熟后，捞出剔去骨头。❷锅内注油烧热，下鸭掌炒至变色，加入青椒、红椒、蒜苗炒匀。❸再加入盐、醋、酱油炒至熟后，起锅装盘即可。

浓汤八宝鸭

材料 草鸭1只，干虾米15克，糯米250克，上海青300克，花生仁、干瑶柱、火腿、香菇各10克

调料 葱末15克，绍酒50克，姜末、白胡椒粒、盐、鸡精各10克

做法 ❶草鸭加调味料腌渍入味，入锅煲2~3小时。❷上海青焯热；其他材料制成八宝饭。❸将制好的八宝饭塞入鸭腹中，与上海青一同上碟。

双椒鸭舌

材料 鸭舌300克，野山椒80克

调料 油、料酒、酱油、糖、盐各适量

做法 ❶鸭舌洗净，入水焯一下，去腥待用。❷油烧热，放入鸭舌翻炒，加料酒、酱油、糖翻炒三分钟后加水没过鸭舌，加野山椒，盖锅盖用中火焖煮10分钟。❸开锅收汁，放盐翻炒后装盘。

馋嘴鸭掌

材料 鸭掌300克，黄瓜150克

调料 盐、酱油、干椒、蒜、花椒粉各少许

做法 ❶ 将鸭掌洗净，切去趾甲；黄瓜洗净，切条；干椒洗净，切段；蒜去皮，洗净。❷ 锅中倒油烧热，放入干椒、蒜爆香。❸ 再放入鸭掌、黄瓜炒匀，掺少许水烧干，再调入盐、酱油、花椒粉，炒熟即可。

木桶鸭肠

材料 鲜鸭肠300克，青红尖椒80克

调料 盐、糖、料酒、葱段、姜片、红油各少许

做法 ❶ 将鸭肠刮去油渍洗净。❷ 青红尖椒洗片切片。❸ 锅中下入红油，将姜、葱、青红尖椒炒香，再放入鸭肠，加入盐、糖、料酒炒匀，装盘即可。

豆芽毛血旺

材料 鸭血400克，猪肚、黄豆芽、鳝鱼各50克

调料 干辣椒、料酒、醋、盐、红油各适量

做法 ❶ 所有材料洗净，鸭血、猪肚切片，鳝鱼、干辣椒切段，黄豆芽焯水装碗。❷ 油烧热，入干辣椒炒香，放入鸭血、鳝鱼、肚片和水炖煮15分钟，再调入盐、料酒、醋、红油调味，起锅倒在装有黄豆芽的碗中即可。

四川樟茶鸭

材料 鸭子1只，樟树叶、花茶叶各20克

调料 盐、酱油、醋、五香粉各少许

做法 ❶ 鸭子治净；樟树叶、花茶叶分别泡水取汁，与盐、酱油、醋、五香粉拌匀成汁。❷ 将治净的鸭子放入盆中，倒入拌好的酱汁，腌渍2小时，再放入烤炉中烤熟。❸ 最后切成块，排于盘中即可。

口味野鸭

材料 鸭子450克

调料 料酒、酱油、盐各3克,香菜段5克,番茄酱适量

做法 ①鸭子治净,汆水,切块。②水锅烧热,放入鸭子煮滚,入酱油、料酒、盐煮入味,关火浸泡30分钟,盛盘,淋上番茄酱,放上香菜段即可。

泡菜鸭片

材料 泡菜200克,鸭肉300克

调料 红辣椒5克,盐2克

做法 ①鸭肉洗净切片;泡菜切片;红辣椒洗净切段。②锅中倒油烧热,下入鸭肉炒至变色,加入泡菜炒匀。③加盐和红辣椒炒至入味,即可出锅。

冬笋炒板鸭

材料 板鸭250克,冬笋150克

调料 盐、酱油、香油、葱、辣椒各10克,味精2克

做法 ①板鸭治净,切成小块;冬笋、辣椒洗净,切成小块;葱洗净,切成小段。②油锅烧热,下入辣椒炸香,放入板鸭炒至香气浓郁,再放入冬笋炒熟。③下盐、味精、酱油、香油、葱调味,翻炒均匀,出锅盛盘即可。

风味鸭脯肉

材料 嫩鸭脯肉300克,红椒、青椒适量

调料 料酒、盐、鸡精各适量

做法 ①红椒、青椒去蒂,洗净,切小片;鸭脯肉洗净切片,加料酒腌渍。②热锅下油,下入红椒、青椒炒至酥软,下入鸭肉炒香,放入少许盐、鸡精,炒熟装盘即可。

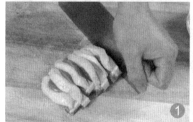

御府鸭块

材料 净鸭肉750克，腐竹、豆腐泡、冬笋、口蘑、火腿片各50克，干贝、姜、葱、鸡油、猪油、香油各少许

调料 奶汤200克，盐、料酒各适量

做法

① 鸭肉剁成块，放入开水锅中汆透，捞出洗净。

② 干贝去筋洗净；口蘑洗去泥沙；腐竹泡软切段；冬笋掰成块；将冬笋、腐竹、豆腐泡入开水锅中汆透，捞出沥水。

③ 炒锅入猪油烧热，投入用刀拍松的葱、姜，煸出香味，烹入料酒，加入奶汤、盐，把鸭块和备好的配料放入砂锅内，用小火炖至鸭块熟烂，淋入香油和鸡油即成。

巴蜀醉仙鸭

材料 鸭500克，红椒10克

调料 盐、豆豉、蒜苗、啤酒、老抽各适量

做法 ① 鸭治净斩件，汆水，捞起沥水待用；红椒洗净，切成滚刀块；蒜苗洗净，切段。② 热锅入油，放豆豉炒香，加入鸭块炒至入味，再调入盐、老抽，放啤酒烧沸，放入红椒、蒜苗段，转小火煨至酥烂即可。

麻辣鸭肝

材料 鸭肝400克

调料 盐、姜、酱油、豆瓣酱、料酒各适量

做法 ① 鸭肝洗净，切片；姜去皮，洗净切丝。② 热锅上油，下姜丝、豆瓣酱爆香，放入鸭肝翻炒，放入盐、料酒、酱油翻炒至熟，出锅装盘即可。

小炒鸭肠

材料 鸭肠300克，芹菜100克

调料 青椒、红椒、酱油、醋、盐、味精、料酒各3克

做法 ① 鸭肠洗净，切成长段，入开水汆烫后沥净水；青椒、红椒洗净，切段；芹菜洗净，切段。② 炒锅倒油烧热，下入鸭肠翻炒，烹入料酒炒香，加青椒、红椒、芹菜炒至断生。③ 加入酱油、味精、盐、醋炒至入味，起锅即可。

老干妈爆鸭肠

材料 鸭肠300克，青椒、红椒适量

调料 盐、料酒、葱白各适量，老干妈豆豉辣椒酱10克

做法 ① 鸭肠治净，汆水后捞出，切段；青椒、红椒均洗净，切碎；葱白洗净，切小段。② 油锅烧热，入老干妈豆豉辣椒酱、青椒、红椒炒香，放入鸭肠爆炒片刻，加入葱白段同炒。③ 调入盐、料酒炒匀即可。

湘西血粑鸭

材料 鸭子300克，血粑200克

调料 盐5克，味精3克，生抽5克，胡椒粉3克，辣子酱5克，八角、桂皮各适量

做法 ❶鸭子治净切块；血粑切块。❷鸭块过油，加入八角、桂皮、辣子酱一起烧30分钟。❸最后加入血粑和其他调味料煮至入味即可。

秘制鸭唇

材料 鲜鸭唇1000克，青椒、红椒片各50克

调料 盐、香辣酱、老抽、香油、香菜、椒盐各5克

做法 ❶用香辣酱腌洗净的鲜鸭唇约15分钟，用小火卤30分钟备用。❷净锅上火，油烧至七成热，入老抽、椒盐、香辣酱、小火炒出香味。❸倒入鸭唇，加入盐调味，放入青椒、红椒翻匀，淋上香油，起锅装盘，加入香菜点缀即可。

孜然酱板鸭

材料 攸县麻鸭1只

调料 卤汁900克，孜然粉、芝麻、香油各10克

做法 ❶将攸县麻鸭治净，放入卤水锅中卤熟后切成件备用。❷将切成件的麻鸭放入蒸锅中蒸熟后，再放入油锅中炸香，取出装盘，定形。❸撒上孜然粉、芝麻，淋上香油即可食用。

吉祥酱鸭

材料 老鸭1只，花椒、桂皮、姜末、葱末各10克

调料 酱油50克，白糖、黄酒各20克，盐10克

做法 ❶先用酱油、花椒、桂皮、白糖制成酱汁。❷老鸭洗净后用盐、黄酒、姜、葱腌渍入味，晾干放入酱汁内浸泡至上色，捞起，挂在通风处。❸加糖、姜、葱、黄酒上笼蒸熟斩件即可。

鸭子炖黄豆

材料 鸭半只，黄豆200克

调料 上汤750克，盐、味精各适量

做法 ❶将鸭处理干净斩块；黄豆洗净泡软。❷鸭块与黄豆一起入锅中过沸水，捞出。❸上汤倒入锅中，放入鸭子和黄豆，炖1小时，调入盐、味精即可。

冬瓜鸭肉煲

材料 烤鸭肉300克，冬瓜200克

调料 盐、枸杞少许

做法 ❶将烤鸭肉斩成块；冬瓜去皮、籽洗净切块备用。❷净锅上火倒入水，下入烤鸭肉、冬瓜、枸杞，调入盐煲至熟即可。

鸭子煲萝卜

材料 鸭子250克，白萝卜175克，枸杞5克

调料 盐少许，姜片3克

做法 ❶将鸭子处理干净斩块汆水，白萝卜洗净去皮切方块，枸杞洗净备用。❷净锅上火倒入水，下入鸭肉、白萝卜、枸杞、姜片，调入盐煲至熟即可。

虫草鸭汤

材料 冬虫夏草8克，鸭肉约500克

调料 枸杞10克，盐5克

做法 ❶鸭肉剁块，放入沸水中汆烫后，捞出洗净。❷冬虫夏草、枸杞洗净，与鸭肉一道放入锅中，加水至盖过材料，大火煮开后转小火续煮30分钟。❸起锅前加盐调味即成。

茶树菇鸭汤

材料 鸭肉250克，茶树菇少许

调料 鸡精、味精、盐各适量

做法 ❶ 鸭肉斩成块，洗净后氽水；茶树菇洗净。❷ 将鸭肉、茶树菇放入盅内蒸2小时。❸ 最后放入鸡精、味精、盐即可。

参芪鸭条

材料 净鸭1只，党参20克，黄芪20克，陈皮1克，猪瘦肉100克，葱段20克，姜片10克，清汤60克

调料 酱油、料酒、盐、味精各适量

做法 ❶ 党参、黄芪切片；陈皮切丝。❷ 净鸭剁去头、脚，抹上酱油，下入八成热油锅中炸至金黄，入砂锅；猪肉切块入砂锅。❸ 入剩余材料，中火烧沸后改文火焖至烂熟；鸭子斩块，入碗，注原汤。

魔芋烩鸭翅

材料 魔芋50克，鸭翅500克，泡椒、香菜各少许

调料 盐3克，味精2克，醋10克，老抽20克

做法 ❶ 鸭翅用温水氽过后捞出晾干；魔芋切条，焯沸水；泡椒、香菜洗净。❷ 炒锅置于火上，注油烧热，加入泡椒、鸭翅、魔芋翻炒，加入盐、醋、老抽翻炒至鸭翅呈金黄色时，注水焖煮。❸ 汤汁收浓时，加入味精炒匀，装盘摆好，撒上香菜即可。

黄金酥香鸭

材料 鸭肉250克，玉米粒100克

调料 香油20克，盐5克，味精5克，干辣椒100克，料酒适量

做法 ❶ 鸭肉斩成小块，加少许盐、料酒腌渍5分钟。❷ 炒锅放油烧热，下玉米粒炸至酥脆后盛起。❸ 另起锅放油烧热，干辣椒爆香后，放进鸭肉、玉米粒煸炒，快熟时放盐、味精、香油，炒匀盛出。

四川板鸭

材料 大公仔鸭1只

调料 盐8克，卤水100克

做法 ❶ 将鸭洗净用盐入味。❷ 仔鸭入卤水中卤至七成熟。❸ 入油锅炸至呈金黄色即可。

椒盐鸭块

材料 鸭腿1条，花椒20克

调料 盐200克，料酒15克，葱段10克，姜片5克

做法 ❶ 花椒与盐入锅炒香，取一匙花椒盐，均匀擦在鸭腿上。❷ 将鸭腿套上塑料袋，放入冰箱腌1～2天。❸ 鸭腿腌好后略冲洗，加葱、姜、料酒，入锅蒸熟，取出斩块，去葱、姜，摆入盘中即成。

板栗扣鸭

材料 鸭肉500克，板栗200克，菜心200克

调料 豆瓣酱30克，酱油10克，料酒20克，姜10克，盐5克，淀粉10克

做法 ❶ 鸭肉汆水；板栗去壳取肉；菜心焯熟摆盘。❷ 油锅烧热，将豆瓣酱、鸭肉爆出油，下入板栗翻炒，再加入姜、盐、淀粉、酱油、料酒及适量清水烧开。❸ 烧至汁浓油厚时，捞出摆在菜心上。

红烧鸭

材料 鸭350克，高汤适量，香菜少许

调料 盐3克，酱油、豆瓣酱各8克

做法 ❶ 鸭洗净，斩件；香菜洗净待用。❷ 油锅烧热，下豆瓣酱炒香，放入鸭件炒至无水分，加入酱油炒上色。❸ 锅内倒入高汤烧至汁干，加盐调味后撒上香菜即可。

板栗焖鸭

材料 腊鸭500克，板栗200克，姜、红椒、蒜各少许
调料 鸡汤500克，盐、酱油、白糖、淀粉各适量
做法 ❶鸭子去骨洗净，切块汆水。❷板栗煮熟，去壳；红椒、蒜洗净切段。❸将鸭放在锅内，加鸡汤及姜、红椒、蒜，用大火煮开后，转小火焖2小时，将板栗倒入，再焖半小时，加盐、酱油、白糖调味，用淀粉勾芡即可。

蒜苗拌鸭片

材料 鸭肉250克，蒜苗250克
调料 红尖椒5克，料酒10克，白糖5克，香油10克
做法 ❶鸭肉洗净煮熟，待凉后去骨切薄片。❷蒜苗和红尖椒分别洗净，蒜苗切斜段，尖椒切丝，入沸水中烫至熟后，捞出备用。❸鸭肉片放入碗中，加白糖、料酒拌匀，再加入蒜苗和红尖椒，拌匀，淋上香油即可。

茶油蒸腊鸭

材料 腊鸭500克
调料 红辣椒50克，葱20克，茶油20克，盐5克，豆豉20克
做法 ❶腊鸭斩成小块；红辣椒切椒圈；葱洗净切成葱花。❷腊鸭盛入盘中，入笼中蒸20分钟，至熟后取出。❸锅烧热加油，下红椒圈、豆豉、盐炒香，淋在腊鸭上，再淋上茶油，撒上葱花即可。

小炒鲜鸭片

材料 鸭子500克，芹菜250克，红辣椒50克
调料 老干妈酱、蒜、姜、盐、米酒各适量
做法 ❶将鸭子洗净，切薄片，汆去血水后捞出；姜洗净，切片；芹菜洗净切小段；红辣椒洗净切成圈；蒜去衣，切片。❷锅烧热下油，下老干妈酱、蒜片、姜片、红椒圈爆香，加入鸭片、芹菜翻炒。❸炒至将熟时下盐、米酒炒匀，装盘即可。

干锅将军鸭

材料 水鸭500克，干辣椒30克

调料 盐5克，味精3克，豆瓣酱20克，红油10克，葱段15克，蒜5克，姜3克

做法

① 将水鸭切件，过水滤去血污，再下入油锅中炸至紧皮；姜洗净切片；蒜去皮。

② 锅上火，油烧热，下入干辣椒、蒜粒、姜片炒香。

③ 加入鸭肉，炒入味，加适量水，煨至鸭酥烂再加入豆瓣酱，淋入红油，放入葱段，煨入味，盛出放入铁锅里即成。

年糕八宝鸭丁

材料 年糕、茄子、鸭肉、花生米、芹菜各100克

调料 生抽20克，香油10克，盐5克，味精5克

做法 ❶鸭肉洗净，入锅中煮熟后切丁待用；年糕切丁；花生米、茄子、芹菜洗净，茄子、芹菜切丁。❷锅烧热加油，放进生抽、香油、年糕、鸭肉、花生米、茄子、芹菜，翻炒至熟。❸最后下盐、味精，炒匀装盘即可。

辣子板鸭

材料 板鸭1只，干辣椒20克，姜、蒜各5克

调料 盐、味精、胡椒粉、料酒各适量

做法 ❶板鸭治净切小块；蒜洗净切段；干辣椒洗净切斜段，备用。❷锅上油，将板鸭炸香，捞出沥干。❸炒锅下油，煸香姜、蒜、干辣椒，下板鸭，加盐、味精、料酒、胡椒粉，翻炒均匀，起锅即可。

红枣鸭子

材料 肥鸭半只，猪骨、葱末、姜片、红枣各适量

调料 清汤、冰糖汁各2500克，料酒、白糖各10克，胡椒5克，盐、水淀粉、味精各适量

做法 ❶鸭氽水，用料酒抹遍全身，入七成热油锅炸至微黄，沥油后切条。❷锅置旺火上，清汤、猪骨垫底，入炸鸭煮沸，下其他调料，待鸭熟枣香时捞出。❸用水淀粉、味精将原汁勾芡，淋遍鸭身。

烹鸭条

材料 熟鸭脯肉、鸭腿肉各350克，小葱10克，辣椒15克，姜、蒜各5克，面粉75克

调料 香油、鸭清汤、盐、绍酒各适量

做法 ❶鸭脯肉、鸭腿肉切长条，加盐、绍酒、面粉拌匀。❷鸭清汤下锅加绍酒、盐、葱、姜、蒜、辣椒，烧成卤汁。❸鸭条下油锅炸至外层黄硬；原锅余油下鸭条，倒卤汁，速颠翻，淋上香油即成。

干锅焖神仙鸭

材料 鸭600克，小土豆200克

调料 啤酒50克，盐3克，味精2克，老抽15克，料酒20克，蒜蓉、姜末、香菜段各适量

做法 ❶ 鸭切块，用盐、料酒腌渍；小土豆去皮洗净。❷ 油锅烧热，入蒜蓉、姜末炒香，入鸭块翻炒，再入土豆、盐、老抽、料酒翻炒，注水，加啤酒焖20分钟。❸ 入味精调味，撒上香菜段即可。

鸭肉炖魔芋

材料 鸭肉250克，魔芋丝结100克，蘑菇200克，枸杞50克，姜20克

调料 料酒20克，盐15克，味精5克，醋5克

做法 ❶ 鸭肉切块，魔芋丝结、蘑菇和枸杞洗净，姜洗净切片。❷ 锅下油烧热，下鸭肉、料酒，稍炒，加适量清水，转大火炖煮。❸ 煮至快熟时，下魔芋丝结、蘑菇、枸杞和其他调味料，一起炖熟。

冬菜大酿鸭

材料 鸭肉冬菜、瘦猪肉、葱末、姜末、花椒各适量

调料 鲜汤、胡椒粉、淀粉、料酒、酱油、盐各少许

做法 ❶ 鸭抹调料腌1小时，蒸熟，划成块。❷ 冬菜切末，猪肉切片；炒锅上火，猪肉片炒干水分，烹入料酒、酱油，加冬菜炒匀，入鲜汤小火收汁。❸ 将肉汤倒入盛鸭肉的碗中，蒸1小时取出，扣入盘中，碗内原汁入锅，加水淀粉勾芡，浇入盘中。

青螺炖鸭

材料 鸭、青螺肉、香菇、熟火腿、葱段、姜片适量

调料 盐、冰糖各适量

做法 ❶ 鸭入冷水煮开，转砂锅旺火烧开，转小火炖至六成熟时加盐、葱、姜、冰糖，炖至九成熟。❷ 火腿、香菇切丁，与净青螺一同入砂锅，加水，旺火烧10分钟。鸭剔出大骨垫汤碗底，鸭肉盖上面，捞青螺、火腿、香菇置鸭肉上，浇原汤即成。

蒜薹炒鸭片

材料 鸭肉300克，蒜薹、淀粉、姜各适量

调料 酱油、黄酒各5克，盐3克，味精1克

做法 ❶ 鸭肉切片备用；姜拍扁，加酱油略浸，挤出姜汁，与酱油、淀粉、黄酒拌入鸭片备用。❷ 蒜薹洗净切段下油锅略炒，加盐、味精，炒匀备用。❸ 锅洗净，热油，下姜爆香，倒入鸭片，改小火炒散，再改大火，倒入蒜薹，加盐、水，炒匀即成。

爆炒鸭丝

材料 鸭里脊肉100克，青、红椒各1个，木耳15克

调料 盐5克，味精、料酒各2克，白糖、酱油各5克，葱、姜、蒜、干辣椒各5克

做法 ❶ 鸭里脊肉切丝；青、红椒切丝；木耳泡发切丝；葱、姜、蒜切片。❷ 锅中油烧热，放入鸭肉丝滑炒熟，盛出，放入葱、姜、蒜、干辣椒煸香。❸ 调入剩余的调味料，加入鸭丝炒匀入味即可。

干锅啤酒鸭

材料 鸭500克，泡椒200克，啤酒50克

调料 盐3克，味精2克，老抽10克，料酒20克，蒜苗、姜末、青椒块各适量

做法 ❶ 鸭切块，用盐、料酒腌渍；泡椒洗净；蒜苗切块。❷ 油锅烧热，加姜末炒香，放鸭块翻炒，加泡椒、盐、老抽、料酒炒匀，加水、啤酒焖熟。❸ 加入青椒块、蒜苗，调入味精炒匀，装盘即可。

干锅口味鸭

材料 鸭600克

调料 盐3克，酱油15克，料酒20克，大蒜、青红椒、姜末各少许

做法 ❶ 鸭切块，用盐、料酒腌渍；青红椒切片。❷ 锅置于火上，放入姜末炒香后，放入腌渍好的鸭块翻炒，再入盐、酱油、料酒继续翻炒。❸ 注水，并加入青、红椒，再焖煮10分钟左右后即可。

美味鸭舌

材料 鸭舌1000克

调料 料酒、老抽、干红辣椒、白糖、盐、葱花各适量

做法 ❶鸭舌洗净焯水，沥干。❷油烧热将干红辣椒、鸭舌放入，加入白糖、酱油、料酒、盐、少许水，汤汁收干，出锅前淋上葱花即可装盘。

风香鸭舌

材料 鸭舌350克

调料 鸡精、糖、红油各5克，日本烧汁、美极鲜各10克，料酒适量

做法 ❶鸭舌洗净，汆水后捞出沥干。❷油锅烧热，倒入鸭舌，加鸡精、糖、红油、日本烧汁、美极鲜、料酒烧至熟软，出锅装盘即可。

干酱爆鸭舌

材料 鸭舌头200克，青椒20克，红椒20克

调料 盐、酱油、辣椒酱、蒜末、姜末、味精各适量

做法 ❶将鸭舌头洗净，煮熟，盛起备用；将青椒、红椒分别洗净，切丁。❷热油，下姜末、蒜末炒香，放入青椒、红椒稍炒。放入鸭舌，加进盐、酱油、辣椒酱，大火爆炒5分钟，放入味精，盛起即可。

香辣卤鸭舌

材料 鸭舌300克，熟芝麻少许

调料 辣椒段、葱花、姜片、盐、老抽、糖各适量

做法 ❶鸭舌洗净；用老抽、糖加水制成卤水料。❷烧热油，爆姜片、辣椒段，下鸭舌，加卤水料、盐，卤半小时后装盘；撒上葱花和芝麻即可。

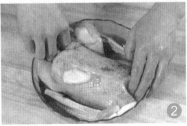

五香烧鸭

材料 鸭1只

调料 白糖、酱油、盐、黄酒各适量，五香粉少许，葱、姜各10克

做法

❶ 将鸭处理干净；酱油、五香粉、黄酒、白糖、葱、姜、盐装盆调匀。

❷ 把鸭放入调料盆中浸泡2～4小时，翻转几次使鸭浸泡均匀。

❸ 锅上旺火，放入少许清水，将浸泡好的鸭子放入，水开后改用小火煮，待水蒸发完，鸭子体内的油烧出，改用小火，随时翻动，当鸭油收净后，鸭子即熟，表面呈焦黄色，切条装盘即可。

酱香鸭脖

材料 鸭脖350克

调料 盐3克，酱油、香油各5克，老抽8克，香菜少许

做法 ❶ 鸭脖洗净，切段，用盐、老抽腌渍待用；香菜洗净。❷ 锅内注水烧沸，下鸭脖煮至熟透。❸ 汁水收干时，加入盐、酱油、香油调匀，撒上香菜即可。

湘卤鸭脖

材料 鲜鸭脖500克，芝麻20克

调料 葱花、姜片、盐、料酒、干辣椒各少许

做法 ❶ 鸭脖洗净切段，与盐及料酒拌和均匀，腌渍一段时间，捞出备用。❷ 油热下入干辣椒、姜片稍炒，加水、盐烧开即成辣味卤。把鸭脖放入烧开的辣味卤汁里，用中火卤10分钟，捞出撒上芝麻、葱花即可。

酥椒鸭脖

材料 鸭脖300克，生菜、花生米、青椒各20克

调料 盐、鸡精、辣椒酱、白芝麻、料酒、酱油适量

做法 ❶ 鸭脖洗净，切段；生菜洗净，摆盘底；青椒洗净，切片。❷ 锅内加水，调入酱油、鸡精、盐、料酒，放入鸭脖卤熟，取出切段摆在生菜叶上。锅下油烧热，放入白芝麻、花生米、青椒炒香，调入辣椒酱炒匀，盛在鸭脖上即可。

辣子鸭脖

材料 鸭脖500克

调料 干辣椒段、花椒、盐、姜、料酒、白糖各适量

做法 ❶ 鸭脖洗净切段，加料酒、盐腌渍；姜洗净切片。❷ 热油下锅，放入鸭脖稍炸出锅沥油备用。另起油锅，放入辣椒段和花椒，然后放入炸好的鸭脖翻炒，撒入白糖炒匀起过即可。

香辣鸭下巴

材料 鸭下巴450克

调料 香料8克，盐、精、料酒各3克，秘制调料20克，姜、蒜、花椒各少许，干辣椒50克

做法 ①鸭下巴用秘制调料卤熟；姜洗净去皮切片；蒜去皮切片。②油烧热，入鸭下巴炸至金黄色，沥油。③锅中留油炒香干辣椒、花椒、姜、蒜，放入鸭下巴和其他调味料炒匀，摆盘即可。

椒盐鸭下巴

材料 鸭下巴250克，洋葱及青椒、红椒各适量

调料 椒盐3克，胡椒粉5克，酱油、老抽各8克

做法 ①鸭下巴洗净，用胡椒粉、老抽腌至入味；洋葱及青椒、红椒分别洗净，切丁。②油锅烧热，放入鸭下巴炸至金黄色，加入洋葱及青椒、红椒一起翻炒。③出锅前调入椒盐、酱油，炒匀即可。

砂锅鸭血

材料 新鲜鸭血500克，鸡汤500克

调料 葱、姜、泡椒、青椒、红椒、盐、酱油各适量

做法 ①鸭血切块；葱洗净切末；姜去皮洗净切丝；泡椒、青椒、红椒洗净切小段。②将鸭血放入砂锅中，加入葱花、姜丝、青椒、红椒和泡椒，放入适量盐、酱油。③煮熟后，加入少许葱花即可。

酸菜鸭血

材料 泡菜50克，鸭血500克

调料 红椒段、葱段、盐、料酒、花椒粉各适量

做法 ①鸭血冲洗干净切块。②水烧开，倒入鸭血块，大火烧开，再加入泡菜、红椒段、葱段小火焖煮5分钟。③调入花椒粉、料酒、盐，调味即可出锅。

芥末鸭掌

材料 鸭掌400克

调料 白芝麻5克，盐3克，芥末、香菜各适量

做法 ❶鸭掌洗净，放入开水中汆一下，捞出沥水备用。❷油锅烧热，放入白芝麻炒香。❸鸭掌用盐、芥末拌匀，撒上白芝麻，用香菜围边即可。

泡椒鸭胗

材料 鸭胗200克，泡椒50克

调料 盐2克，醋适量，红椒、香菜叶少许

做法 ❶鸭胗治净，切片；红椒洗净，切碎；香菜叶洗净。❷煮锅加适量清水烧沸，加盐，放入鸭胗汆熟，捞出沥水。❸将泡椒，醋、红椒同鸭胗放在碗中拌匀，摆盘，放香菜叶点缀即可。

盐水鸭

材料 光鸭500克

调料 盐20克，味精3克，花雕酒10克，胡椒粉2克，葱10克，姜5克

做法 ❶将鸭肉洗净，用调味料和切成片的姜、葱段腌渍2小时。❷锅置火上，加入水和盐，烧开后将腌好的光鸭煮5分钟，盖上盖浸泡至熟。❸再将熟鸭肉取出，斩成块装盘即可。

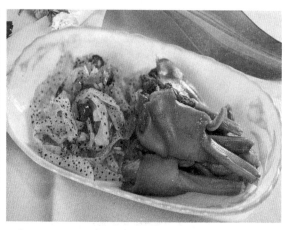

海蜇鸭下巴

材料 鸭下巴300克，海蜇200克

调料 八角8克，桂皮3克，花椒、丁香、草果、盐、味精、鱼露、辣椒油各适量，葱5克，香菜8克，姜5克，蒜少许

做法 ❶鸭下巴入用调味料制成的卤水中卤25分钟；海蜇入沸水稍焯后捞出；鸭下巴斩件。❷海蜇丝加入辣椒油、盐拌匀，和鸭下巴摆盘即可。

牛肉·羊肉

——味浓香醇有营养

牛肉蛋白质含量高，而脂肪含量低，所以味道鲜美，受人喜爱，享有"肉中骄子"的美称；羊肉肉质更细嫩，更容易消化，高蛋白、低脂肪、含磷脂多，较牛肉等肉类的脂肪含量都要少，胆固醇含量少，是冬季防寒温补的美味之一，可收到进补和防寒的双重效果。

锅巴香牛肉

材料 牛肉450克，锅巴适量，熟芝麻少许

调料 盐3克，红油、老抽、料酒、姜片、五香料各适量

做法 ❶牛肉洗净，氽水，捞出沥干。❷锅中注入清水，加入老抽、料酒、五香料和姜片，烧开后加入牛肉煮熟。❸将牛肉捞出后切片，装盘，摆上锅巴，淋上盐、熟芝麻和红油调成的味汁即可。

川湘卤牛肉

材料 卤牛肉450克，黄瓜适量

调料 盐、生抽、姜蒜汁、味精各适量

做法 ❶卤牛肉切片，装盘；黄瓜治净，切片摆盘。❷将盐、味精、姜蒜汁、生抽制成味汁，浇在牛肉上。❸将牛肉放入蒸锅中蒸软，出锅即可食用。

竹网小椒牛肉

材料 牛肉300克，腰果80克

调料 盐、白芝麻、青椒、胡椒粉、干红辣椒适量

做法 ❶牛肉切片，加盐腌渍片刻，表面裹上一层胡椒粉；干红辣椒切段；青椒去蒂切段。❷牛肉入油锅炸熟。❸锅留少许油，入腰果、干红辣椒、白芝麻、青椒炒香，放入炸好的牛肉炒匀，盛入盘中的竹网即可。

豆角黄牛肉

材料 黄牛肉300克，豆角200克，红椒50克

调料 盐3克，姜、蒜各5克，鸡精、料酒各适量

做法 ❶黄牛肉洗净切片，加料酒腌渍；豆角去头尾洗净，切小段；红辣椒洗净，切圈。❷锅下油烧热，下姜、蒜爆香，放入豆角、红椒翻炒，再放入黄牛肉煸炒片刻，调入盐炒熟，放鸡精略炒后装盘即可。

翡翠牛肉粒

材料 牛肚350克，淀粉适量

调料 干辣椒末100克，盐、鸡精各适量

做法 ❶将牛肚洗净，切条、加盐、淀粉裹匀，入油锅炸至表面金黄，捞出控油装盘。❷炒锅注油烧热，下入干辣椒末，盐、鸡精炒匀，起锅倒在牛肚上。

干煸牛肉丝

材料 牛肉、芹菜各300克

调料 青、红椒丝各适量，干辣椒段10克，姜15克，豆瓣酱25克，红油20克，盐5克

做法 ❶将牛肉洗净切细丝；芹菜洗净切段；姜去皮切成丝。❷油锅烧热，牛肉丝下锅炒散，加盐、姜丝、干辣椒续炒，加入豆瓣酱炒香，然后加入芹菜、辣椒丝炒熟，淋入红油装盘即可。

麻辣腱子肉

材料 牛腱子肉400克，黄瓜200克，红椒20克

调料 盐3克，料酒20克，辣椒油10克，蒜末5克，鸡精适量

做法 ❶牛腱子肉入沸水锅中加盐和料酒煮熟，沥干切片，摆盘。❷黄瓜切长条，焯水摆盘；红椒切圈。❸锅注油烧热，放入红椒、蒜末炒香，调入盐、鸡精和辣椒油，起锅浇在牛腱子肉上。

金沙牛肉

材料 牛里脊200克，面包糠50克

调料 盐、孜然粉各5克，胡椒粉、鸡精各3克

做法 ❶将牛肉切成片，用盐、孜然粉、胡椒粉腌制入味，待用。❷将油烧至六成热，放入入味的牛肉，炸好，加入鸡精，装盘。❸将面包糠放入四成热的油温中炸好，放在牛肉上即可。

酸汤肥牛

材料 肥牛肉500克，青椒、红椒各50克

调料 盐3克，姜、蒜各5克，泡菜汁、料酒适量

做法 ①肥牛肉洗净，切薄片；青椒、红椒均去蒂洗净，切圈；姜、蒜均去皮洗净，切末。②锅内注水烧开，放入肥牛肉汆水，起锅。③锅下油烧热，下姜、蒜、青椒、红椒炒香，放入肥牛肉滑炒几分钟，调入盐、料酒、泡菜汁，煮熟装盘即可。

鸿运牛肉

材料 牛肉350克，青椒、红椒、芝麻各适量

调料 葱花、盐、蒜末、辣椒油各适量

做法 ①牛肉洗净，蒸熟，取出切片，摆盘。②青椒、红椒分别洗净，均切丁。③锅加油烧热，下入青椒、红椒、蒜末、芝麻炒香，加辣椒油、盐调味，注入适量清水，煮开后，倒在牛肉上，撒葱花即可。

香辣牛肉丸

材料 牛肉丸500克，豆皮100克

调料 盐、花椒、红油、酱油、水淀粉各适量，干辣椒30克

做法 ①干辣椒切段；豆皮切条；锅内加水烧热，放入牛肉丸煮熟，沥干。②油烧热，下花椒、干辣椒爆香，放牛肉丸、豆皮炒，然后加适量清水同煮，再调入盐、酱油、红油炒匀，用水淀粉勾芡。

水煮牛肉

材料 牛肉250克

调料 料酒、水淀粉、盐、干辣椒、花椒各10克，红油、葱花各适量

做法 ①牛肉洗净切片，用水淀粉、料酒腌渍。②油锅烧热，放入花椒、干辣椒炒香，入红油，加清水烧沸，放入牛肉片，加入其他调味料煮熟，出锅装盘，撒上葱花即可。

泡椒黄喉

材料 泡辣椒、牛黄喉、玉兰片、香芹各适量

调料 盐、胡椒粉、料酒各2克

做法 ❶牛黄喉洗净,切好后在沸水中稍焯烫;香芹洗净切段。❷净锅倒油,加泡辣椒炒香,倒入料酒、牛黄喉、玉兰片翻炒。❸调入盐、胡椒粉,下芹菜炒匀,起锅装盘即成。

爽口嫩牛肉

材料 牛肉300克,洋葱、青椒、红椒各适量

调料 盐、干辣椒、酱油、红油、水淀粉各适量

做法 ❶牛肉、洋葱均洗净,切片;青椒、红椒均去蒂洗净,切片;干辣椒洗净,切段。❷起油锅,入干辣椒爆香,放入牛肉翻炒至变色,再放入洋葱、青椒、红椒一起炒。❸加盐、酱油、红油调味,炒至快熟时,用水淀粉勾芡,盛盘即可。

锦绣牛肉丝

材料 牛肉500克,辣椒、粉丝、榨菜、香菇适量

调料 盐4克,味精2克,料酒、酱油各适量

做法 ❶牛肉切丝;粉丝泡发;榨菜、香菇、辣椒均洗净,切丝。❷油锅烧热,放入粉丝炸好,铺在盘底。❸油锅烧热,放入牛肉,加料酒、酱油煸炒,加榨菜、香菇翻炒均匀,加盐、味精炒匀,装入粉丝盘即可。

豉酱滑牛肉丝

材料 牛肉、芹菜各300克

调料 红椒丝少许,酱油5克,淀粉5克,豆豉5克,甜面酱10克,盐5克,白糖10克

做法 ❶牛肉洗净切丝,拌入酱油、淀粉、豆豉腌10分钟。❷芹菜去叶,洗净切段。❸油锅烧热,放牛肉丝滑熟,加入甜面酱、白糖、盐及清水,放上芹菜、红椒丝同炒,入味后出锅装盘。

铁板牛肉

材料 牛肉500克，红椒20克，蒜薹50克

调料 孜然10克，盐4克，鸡精、味精各2克

做法 ①红椒去蒂去籽切碎；蒜薹洗净切米。②牛肉略洗切成片后，入油锅滑散备用。③锅内留少许底油，放入红椒碎、蒜薹米炒香，加入牛肉片，加入调味料炒至入味，盛出放入烧热的铁板里即可。

椒香肥牛

材料 牛肉400克，黄豆芽300克

调料 红椒、蒜苗、青花椒、盐各少许

做法 ①牛肉洗净，切片；黄豆芽洗净；红椒洗净，切圈；蒜苗洗净，切段；青花椒洗净。②油烧热，放入青花椒炒香，加入牛肉和黄豆芽爆炒，再放入红椒和蒜苗同炒，加适量清水焖煮，调入盐调味，起锅装盘。

水煮牛肉片

材料 牛肉300克，豆芽150克，红椒片15克

调料 豆瓣酱、花椒油、盐各6克，姜末、蒜末、辣椒面、水淀粉各适量

做法 ①牛肉切片，用盐腌渍。②锅中加水烧沸，下入豆芽焯熟后捞出备用。③油锅烧热，下入姜、蒜、豆瓣酱、红椒片、辣椒面、花椒油炒香，加水、牛肉片，勾薄芡，装入垫有豆芽的碗中即可。

香笋牛肉丝

材料 牛肉300克，笋干100克，红椒适量

调料 酱油、料酒、红油、盐、糖各适量

做法 ①牛肉洗净切丝，用酱油和料酒腌渍片刻；笋干洗净泡发；红椒洗净切丝。②油烧热，下牛肉炒至变色，盛出备用；另起锅注油，下笋干，调红油和糖炒至断生。③将牛肉倒回锅中，加上红椒丝同炒至熟，最后加盐调味即可。

牙签牛肉

材料 牛肉400克

调料 盐8克，味精3克，胡椒粉2克，淀粉5克，姜5克，干辣椒30克，孜然10克，蒜5克

做法

① 牛肉洗净切成薄片；干辣椒切段；姜、蒜洗净切末。

② 牛肉片用淀粉、盐腌渍入味，用牙签串起来，入油锅炸香后捞出。

③ 油锅加热，下入姜、蒜、干辣椒炒香，再下入牛肉串及其他调味料炒至入味即可。

风味麻辣牛肉

材料 熟牛肉250克，红椒、香菜、芝麻各10克

调料 香油15克，辣椒油10克，酱油30克，味精1克，花椒粉2克，葱15克

做法 ❶熟牛肉切片；葱洗净，切段；红椒洗净切粒。❷将味精、酱油、辣椒油、花椒粉、香油调匀，成为调味汁。❸牛肉摆盘，浇调味汁，撒熟芝麻、红椒粒、香菜、葱段即可。

泡椒牛肉丝

材料 牛肉300克，泡椒100克，芹菜梗50克

调料 盐、酱油、醋、干辣椒各适量

做法 ❶牛肉洗净，切丝；泡椒洗净；芹菜梗洗净，切段；干辣椒洗净切碎。❷锅中注油烧热，下牛肉丝翻炒至变色，再放入泡椒、芹菜梗一起炒匀。❸再加入干辣椒碎炒至熟后加入盐、酱油、醋拌匀调味，起锅装盘即可。

风干牛肉丝

材料 牛肉350克

调料 盐3克，鸡精1克，料酒、八角、丁香各适量

做法 ❶牛肉治净，放入锅中，加水、盐、鸡精、料酒、八角、丁香，待牛肉煮至熟烂时，捞起牛肉，放入冷水中冷却，捞起沥干，将牛肉用手撕成丝。❷炒锅注油烧热，放入牛肉丝稍炸，捞起控油，装盘即可食用。

火爆牛肉丝

材料 牛肉200克，洋葱50克

调料 盐、水淀粉、干红椒、生抽、香菜各少许

做法 ❶牛肉洗净，切丝，用盐、水淀粉腌20分钟；干红椒洗净，切段；香菜洗净；洋葱洗净，切丝。❷油锅烧热，下干红辣炒香，加入牛肉爆熟，再加洋葱、香菜炒熟。❸入盐、生抽调味，炒匀，装盘即可。

爆炒牛柳

材料 牛柳250克

调料 蚝油5克,盐5克,嫩肉粉、淀粉各适量,蒜5克,姜5克,香菜50克,泡椒50克,指天椒5个

做法 ❶牛柳切丝、冲水;泡山椒洗净;指天椒洗净切成小块。❷牛柳用嫩肉粉、淀粉、盐腌渍1小时后过油。❸将蒜、姜片煸香,下泡椒、指天椒、牛柳炒熟,调入盐、蚝油,起锅前放香菜即可。

飘香牛肉

材料 牛肉500克

调料 盐3克,酱油、料酒、香油、熟芝麻各10克,红椒末30克,葱花20克

做法 ❶牛肉洗净,切大片,加入盐、酱油、料酒腌渍1小时,入蒸笼蒸半小时取出。❷油锅烧热,下牛肉炸至金黄色,再入红椒同炒1分钟。❸撒上葱花,淋入香油,撒上熟芝麻即可。

竹笋炒牛肉

材料 竹笋300克,葱2根,蒜3瓣

调料 盐3克,料酒5克,胡椒粉5克,蚝油5克,味精3克,红辣椒1个,葱2根,姜1块

做法 ❶竹笋对半剖开再切小段;牛肉、红辣椒、姜切丝;葱切段。❷牛肉丝加盐、油、料酒、胡椒粉腌5分钟。牛肉丝滑炒,竹笋入沸水氽烫。❸姜丝炒香,放所有调材,入蚝油、盐、味精炒匀。

一品牛肉爽

材料 牛肉350克

调料 葱、红椒各50克,盐、鸡精、香油、料酒、酱油、八角、熟芝麻各适量

做法 ❶锅中加适量清水、盐、料酒、酱油、八角,煮开后将牛肉放入锅中煮熟,沥干后切片装盘。❷葱切成葱花;红椒切圈。❸将红椒、鸡精、葱花、香油、熟芝麻拌匀,倒在牛肉片上。

农家大片牛肉

材料 牛腱肉600克，土豆粉条200克

调料 盐、香葱、鸡汤、干尖椒、白芝麻各适量

做法 ❶牛腱肉洗净煮熟，切片；土豆粉条泡发。❷锅上火烧热，放入牛肉、粉条、盐，入鸡汤焖煮3~4分钟，盛入碗中。❸锅入油，放入白芝麻、干尖椒炸香，浇在牛肉上，放上香葱即可。

湘卤牛肉

材料 牛肉500克

调料 盐、料酒、鲜汤、蒜末、酱油、辣椒油各适量

做法 ❶牛肉洗净，切块，煮熟待用。❷油锅烧热，爆香蒜末，淋上料酒，加入酱油、盐，加鲜汤、牛肉，大火煮半小时。❸待肉和汤凉后，捞出牛肉块，改刀切薄片，淋上辣椒油即可。

竹签牛肉

材料 牛肉400克，青辣椒3个，红辣椒4个，竹签若干

调料 盐、蚝油、料酒、胡椒粉、豆瓣酱、姜1块

做法 ❶牛肉横切薄片，放入料酒、盐、油、生粉、胡椒粉腌渍；辣椒切段；姜切片、丝各少许。❷牛肉、辣椒、姜过水，沥干水分，将辣椒和姜片、牛肉穿在竹签上。❸豆瓣酱姜丝炒香，放入清水，调入盐、胡椒粉调匀，淋在牛肉上即可。

糯米蒸牛肉

材料 牛肉500克，糯米100克

调料 盐、酱油、料酒、葱花、红椒、香菜各适量

做法 ❶牛肉洗净，切块；糯米泡发洗净；香菜洗净；红椒洗净，切丝。❷糯米装入碗中，再加入牛肉与酱油、盐、料酒、葱花拌匀。❸将拌好的牛肉放入蒸笼中，蒸30分钟，取出撒上香菜、红椒即可。

黄花菜炒牛肉

材料 黄花菜150克，瘦牛肉200克

调料 姜丝、干辣椒、盐、酱油、料酒、淀粉、葱丝、胡椒粉各适量

做法 ❶黄花菜洗净；牛肉洗净切丝，加盐、料酒、酱油、胡椒粉拌匀。❷油锅加热，倒牛肉丝过油，捞出滤油；炒锅上火，放入葱丝、姜丝、牛肉丝、黄花菜、干辣椒、盐、料酒翻炒，加淀粉勾芡即可。

秘制牛肉

材料 牛肉500克，生菜50克

调料 盐、味精各3克，酱油、红油、香油各10克

做法 ❶牛肉洗净，切成片，放盐、味精、酱油腌20分钟；生菜洗净，垫盘。❷油锅烧热，入牛肉滑熟，捞出沥干油分，摆盘。❸锅内留油，下红油、香油、盐、味精制成味汁，淋在牛肉上即可。

回锅牛肉

材料 牛肉400克，青椒、红椒、洋葱各适量

调料 盐、味精各3克，红油、酱油各10克

做法 ❶牛肉洗净，入沸水锅汆水后捞出，切片；青椒、红椒、洋葱均洗净，切片。❷油锅烧热，下青椒、红椒煸香，放牛肉翻炒，再入洋葱同炒片刻。❸调入盐、味精、红油、酱油炒匀即可。

泡椒牛肉

材料 牛肉300克，泡红椒段100克

调料 盐、味精、料酒、红油、水淀粉、胡椒粉、蚝油、葱段各适量

做法 ❶牛肉切片，加盐、料酒、水淀粉拌匀；味精、盐、红油、水淀粉、清汤兑成味汁。❷油锅烧热，下牛肉炒散，放泡椒、葱段翻炒。❸加胡椒粉、蚝油入味，烹入味汁炒匀，起锅摆盘即可。

青豆烧牛肉

材料 牛肉300克，青豆50克

调料 豆瓣15克，葱花、蒜各10克，姜1块，水淀粉10克，料酒、嫩肉粉、盐、花椒面、上汤、酱油各适量

做法

❶ 牛肉洗净切片，用水淀粉、嫩肉粉、料酒、盐抓匀上浆；豆瓣剁细；青豆洗净；姜、蒜洗净去皮切米。

❷ 锅置火上，油烧热，放豆瓣、姜米、蒜米炒香，倒入上汤，加酱油、料酒、盐，烧开后下牛肉片、青豆。

❸ 待肉片熟后用水淀粉勾薄芡，装盘，撒上花椒面、葱花即可。

脆脆香牛肉

材料 牛肉600克，西芹、花生米各150克

调料 盐5克，酱油8克，料酒、干辣椒段、芝麻各适量

做法 ❶牛肉洗净切丁，用盐、料酒、酱油腌渍；西芹洗净，斜切段备用。❷油锅烧热，放入牛肉炸至干香后捞出。❸油锅烧热，放入干辣椒段炸好，放入西芹，加盐翻炒，加入牛肉、花生、芝麻炒匀，装盘即可。

麦香牛肉

材料 大麦100克，牛肉200克，青椒、红椒各50克

调料 盐3克，鸡精1克

做法 ❶大麦洗净浸泡，煮熟后捞出沥干；牛肉洗净切碎；青椒、红椒分别洗净切碎。❷锅中倒油加热，下入牛肉炒熟，加大麦和青椒、红椒炒熟。❸加入盐和鸡精调味即可。

陈皮牛肉

材料 牛肉300克，陈皮20克

调料 生姜10克，青、红辣椒各10片，盐6克，生抽5克，味精6克

做法 ❶牛肉切大片；陈皮泡发切小块；生姜切片。❷切好的牛肉片汆沸水。❸锅加油烧热，下入牛肉炒香后，再加入陈皮、青椒片、红椒片、姜片一起炒匀，调入盐、生抽、味精炒至入味即可。

松子牛肉

材料 牛肉400克，松子30克

调料 盐、葱、沙茶酱、小苏打粉、酱油各适量

做法 ❶牛肉洗净切片，加盐、小苏打粉、沙茶酱略腌，入油锅中炸至五成熟，捞出沥油。❷松子入油锅炸至香酥，捞出控油。❸葱洗净切段，入锅爆香，加入盐、酱油及牛肉快炒至入味，撒上松子即可。

金针菇牛肉卷

材料 金针菇250克，牛肉100克，红椒、青椒各15克

调料 油50克，烧烤汁30克

做法 ❶牛肉洗净切成长薄片；青、红椒洗净切丝备用；金针菇洗净。❷将金针菇、辣椒丝卷入牛肉片。❸锅中注油烧热，放入牛肉卷煎熟，淋上烧烤汁即可。

农家牛肉片

材料 牛腱600克，土豆粉条200克，白芝麻少许

调料 盐5克，豉油9克，干辣椒20克，鸡汤适量

做法 ❶将牛腱洗净，煮熟，切大片；土豆粉条用温水泡发。❷锅上火烧热，下盐、豉油、牛肉、粉条翻炒，倒入鸡汤焖煮1小时，盛入碗中。❸锅入油，放入白芝麻、干辣椒炸香，浇在牛肉上即可。

黑椒牛柳

材料 牛柳200克，洋葱、红椒、青椒、蘑菇各适量

调料 黑椒碎、白兰地、盐、胡椒粉、苏打粉各适量

做法 ❶牛柳切片；洋葱切片；红椒、青椒、蘑菇切片；牛柳粒放入苏打粉、胡椒粉、盐腌10分钟。❷热锅炒香青椒、红椒、蘑菇、洋葱，倒入牛柳粒，用大火炒。❸加白兰地、黑椒碎和水，大火炒至水干，起锅装盘即可。

酱牛肉

材料 牛肉300克

调料 盐3克，味精2克，醋8克，酱油15克，青椒、红椒各适量，熟芝麻少许

做法 ❶牛肉洗净，切片；青、红椒洗净，切片。❷锅内注油烧热，下牛肉翻炒至熟，调入盐，烹入醋、酱油。❸加入青椒、红椒翻炒至熟时，加入味精调味，撒上熟芝麻即可。

指天椒炒牛肉

材料 牛肉300克，指天椒、蒜蓉、葱白各适量

调料 盐、生抽、胡椒粉、豆豉、淀粉各适量

做法 ❶牛肉洗净切片，用盐、生抽、淀粉腌半小时，下锅炒至八成熟；指天椒洗净对切，焯水。❷油锅烧热，放蒜蓉、葱白、豆豉爆香，再放牛肉和指天椒、胡椒粉、盐翻炒至熟，最后用水淀粉勾芡。

韭菜黄豆炒牛肉

材料 韭菜200克，黄豆300克，牛肉100克

调料 干辣椒10克，盐3克

做法 ❶韭菜洗净切段；黄豆洗净，浸泡约1小时后沥干；牛肉洗净切条；干辣椒洗净切段。❷锅中倒油烧热，下入牛肉和黄豆炒至断生，加入韭菜炒熟。❸下干辣椒和盐，翻炒至入味即可。

金山牛肉

材料 牛肉300克，面包糠、辣椒各适量

调料 盐、孜然粉、豆瓣、十三香、水淀粉、姜米各适量，蛋清适量，香菜段少许

做法 ❶牛肉切片，加盐、蛋清、水淀粉腌渍；辣椒切粒。❷油锅烧热，放牛肉片炒熟，加豆瓣、十三香、孜然粉、姜米炒入味，装盘。❸面包糠入锅炸香，加辣椒、盐炒匀，盛盘，撒上香菜即可。

锅巴香牛肉

材料 锅巴块100克，牛肉200克

调料 盐、高汤、熟芝麻、水淀粉、鸡精、料酒、酱油、醋各适量

做法 ❶牛肉洗净切片，加水淀粉、料酒、盐腌渍；将高汤、盐、醋、料酒、水淀粉、酱油、鸡精兑成味汁。❷起油锅，下入牛肉片翻炒至五成熟，下入味汁，待收干时，撒入锅巴、芝麻即可。

蜀香小炒黄牛肉

材料 黄牛肉400克，腰果100克

调料 青辣椒、红辣椒各20克，蒜苗15克，盐、酱油各3克

做法 ❶黄牛肉洗净切片，用酱油抹匀腌渍入味；腰果洗净；青辣椒、红辣椒、蒜苗分别洗净切段。❷锅中倒油烧热，下入蒜苗炒香，下入腰果、黄牛肉炒熟。❸下入青辣椒、红辣椒和盐炒入味即可。

小炒带皮黄牛肉

材料 带皮黄牛肉350克，红椒、蒜苗各30克

调料 蒜20克，盐3克，味精1克，酱油5克

做法 ❶带皮黄牛肉去筋膜，洗净切片；蒜去皮，洗净；蒜苗洗净，切段；红椒洗净，切圈。❷锅倒油烧热，下入黄牛肉炒至八成熟后，捞出；锅留油烧热，放入蒜苗、蒜瓣、红椒圈炒香后，黄牛肉回锅翻炒。❸加入酱油、盐、味精炒至入味，出锅即可。

辣炒黄牛肉

材料 黄牛肉300克，芹菜10克

调料 青椒、红椒各5克，盐3克，老抽、料酒各适量

做法 ❶将黄牛肉洗净切片，加入盐、料酒、老抽腌渍10分钟；将青椒、红椒去蒂洗净，切圈；芹菜洗净，切段。❷热锅下油，下入牛肉翻炒至六七成熟，加入青椒、红椒、芹菜同炒，炒熟加入盐、老抽即可。

笋尖烧牛肉

材料 牛肉250克，鲜笋200克，上海青250克

调料 葱花25克，姜片、酱油、料酒各20克，盐5克

做法 ❶牛肉洗净切片；笋洗净切片。❷上海青洗净，焯水装盘摆好。❸锅下油，旺火将油烧热，爆香姜片，放牛肉、料酒下锅翻炒，七成熟时加酱油、葱花、盐，继续翻炒至熟，出锅装盘即可。

藕片炒牛肉

材料 牛肉、莲藕各250克

调料 青椒、红椒各15克，料酒15克，淀粉20克，酱油20克，盐5克

做法 ❶将牛肉洗净，切成片，加入酱油、料酒、淀粉上浆。❷莲藕去皮洗净，切薄片；青椒、红椒洗净切片。❸油锅烧热，先后加入藕片、牛肉、辣椒翻炒至熟，加盐调味，出锅前以淀粉勾芡，即可。

酸姜椒头炒牛肉

材料 青椒、红椒各10克，酸姜50克，牛肉、洋葱各150克

调料 盐5克，酱油20克

做法 ❶牛肉切小片；洋葱切小片；青椒、红椒洗净切小片；酸姜切薄片。❷锅下油，旺火将油烧热，牛肉下锅煸炒，七成熟时加酱油、酸姜片、洋葱、辣椒一起继续大火煸炒至熟，出锅装盘即可。

滑蛋牛肉

材料 牛肉300克，鸡蛋3个

调料 油20克，盐5克，鸡精3克，淀粉10克

做法 ❶牛肉洗净沥水，沿横纹切薄片，用油、淀粉略腌；鸡蛋打入碗中，加少许油、盐、鸡精打成浆。❷锅中油烧热，倒入牛肉爆香，加少许盐调味。❸倒入蛋浆，炒至蛋熟即可。

春蚕豆炒小牛肉

材料 小牛肉450克，春蚕豆200克，红辣椒50克

调料 料酒、生抽、淀粉各10克，盐2克

做法 ❶牛肉洗净切片；放入淀粉和生抽拌匀腌渍10分钟；春蚕豆洗净，红椒洗净切圈。❷油锅烧热，爆香红辣椒，放入牛肉翻炒，加入料酒、生抽，炒至牛肉变成红色，然后放入春蚕豆，待九成熟后放入盐，炒匀即可。

蒜薹炒牛肉

材料 牛肉500克，蒜薹250克，红辣椒50克

调料 豆豉30克，花生油、盐、料酒、淀粉各适量

做法 ❶牛肉洗净切粒；蒜薹洗净切粒；红辣椒洗净切成椒圈。❷牛肉粒放入盐、花生油中腌渍片刻，加淀粉，上浆。❸油锅烧热，下牛肉粒、料酒大火炒熟，放入蒜薹、红辣椒，下豆豉、盐，炒匀盛出。

四季豆牛肉片

材料 牛肉、四季豆各250克，蒜20克

调料 酱油20克，黑椒粉、淀粉、盐各5克

做法 ❶牛肉洗净，切片，用酱油、淀粉、花生油拌匀。❷四季豆洗净切丁，入沸水中焯熟后，捞出；蒜去皮切成片。❸油锅烧热，放入蒜片爆热，放牛肉片炒至变色，再将四季豆放入一起炒匀，放入黑椒粉和盐，炒匀装盘即可。

酥黄豆嫩牛肉

材料 牛肉、黄豆各300克，青椒少许

调料 干辣椒、姜、红油、酱油、盐各适量

做法 ❶黄豆洗净，用温水浸泡变软捞出沥水，入油锅中炸熟，捞出。❷牛肉洗净切片，氽水，再入冰水中浸泡，捞起沥干水备用；青椒、姜分别洗净切片。❸油锅烧热，爆香干辣椒、姜片、酱油、红油，下黄豆、牛肉炒熟，调入盐，炒匀盛出。

酸菜萝卜炒牛肉

材料 牛肉250克，酸萝卜200克，酸菜200克

调料 青、红椒块各50克，姜片20克，盐5克，料酒、生抽、淀粉、辣椒酱各10克

做法 ❶牛肉洗净切块；酸萝卜洗净切块；酸菜洗净切开。❷油锅烧热，爆香姜片，下牛肉、料酒炒熟，下酸萝卜、酸菜、生抽、辣椒酱、盐、青椒、红椒炒匀，用淀粉勾芡，翻炒至汁浓盛出。

泡椒牛肉花

材料 牛肉丸子300克，泡椒100克，泡姜50克

调料 味精2克，白糖5克，料酒、盐各3克，上汤500克，香油10克

做法

❶ 牛肉丸子对剖，切十字花刀，入沸水锅中煮至八成熟；泡姜切片。

❷ 锅上火，注油烧热，下泡椒、泡姜炒出香味，加上汤烧沸。

❸ 下牛肉丸、盐、味精、白糖、料酒，中火收汁入味，最后淋入香油，起锅即可。

小炒黄牛肉

材料 黄牛肉500克，蒜苗50克，红椒圈150克

调料 酱油30克，淀粉5克，盐5克，花生油10克

做法 ❶黄牛肉洗净，切片，用淀粉、酱油、花生油拌匀腌渍15分钟；蒜苗洗净切小段。❷油锅烧热，放入牛肉片炒至变色，放入蒜苗和红椒圈炒香，放入酱油和盐炒匀即可。

白椒腊牛肉

材料 腊牛肉300克，蒜苗、红椒圈各50克，白辣椒100克

调料 料酒10克，盐5克

做法 ❶腊牛肉洗净，切片；白辣椒洗净切段；蒜苗洗净切段。❷油锅烧热，放入腊肉，炒至八成熟，盛出备用。❸锅留油烧热，下白辣椒翻炒，加腊牛肉、料酒翻炒，撒上蒜苗、红椒圈、盐，炒匀即可。

辣爆牛肉

材料 牛肉400克，青、红椒块各100克

调料 姜丝、料酒、醋、胡椒粉、香油、干红椒段各适量

做法 ❶牛肉洗净，切成大片。❷牛肉加入胡椒粉、料酒和香油拌匀。❸油锅烧热，下姜丝、干红椒爆香，放入肉片炒至变色，再加入青、红椒炒出香味，最后放入醋炒匀，出锅装盘即成。

红椒牛肉

材料 牛肉300克，红椒20克，蒜薹50克

调料 盐4克，姜1块，鸡精2克，孜然10克

做法 ❶红椒洗净切碎；姜、蒜薹洗净切米；牛肉洗净切片，放入烧热的油锅中滑散备用。❷锅内留少许油，放入红椒碎、姜米、蒜薹米炒香，加入牛肉片，加入盐、鸡精、孜然炒入味，盛出放入烧热的铁板里即可。

芹菜牛肉

材料 牛肉250克，芹菜150克

调料 豆瓣酱、料酒、白糖、盐、花椒面、姜各适量

做法 ❶牛肉洗净切丝；芹菜洗净去叶切段；姜洗净切丝。❷油烧热，下牛肉丝炒散，放入盐、料酒和姜丝，下豆瓣酱炒散，待香味逸出、肉丝酥软时加芹菜、白糖炒熟，撒上花椒面即可。

蒜苗炒腊牛肉

材料 腊牛肉150克，蒜苗50克

调料 盐、味精各3克，香油10克，干红椒末20克

做法 ❶腊牛肉洗净泡发，切片；蒜苗洗净，切段。❷油锅烧热，下干红椒末、蒜苗段煸香，再入腊牛肉片同炒。❸调入盐、味精炒匀，淋入香油即可。

红烧牛肉

材料 牛肉500克，蒜、泡椒各适量

调料 盐、豆瓣酱、白酒、姜、香菜各少许

做法 ❶牛肉洗净，切块；香菜洗净切段；蒜洗净拍碎；姜洗净切片。❷油烧热，下入姜片爆香，放入牛肉，加豆瓣酱、白酒、盐炒匀，加水，用大火烧沸，转中小火炖30分钟。❸放入泡椒、蒜，炖至汤汁变浓时，起锅装盘撒上香菜即可。

小米椒剁牛肉

材料 牛肉350克，榨菜100克，小米椒50克

调料 盐2克，酱油2克，料酒4克，味精2克

做法 ❶牛肉洗净切丁，用料酒腌渍片刻；榨菜洗净，沥干切丁；小米椒去蒂，洗净切圈。❷锅中注油烧热，下牛肉，调入酱油翻炒至断生，加入榨菜和米椒，继续炒至熟透。❸调入盐、味精炒匀即可。

农家黄牛肉

材料 黄牛肉500克，青、红椒各30克

调料 姜片15克，淀粉、盐各5克，花生油适量

做法 ❶黄牛肉洗净，切片，用淀粉、花生油拌匀腌渍15分钟；青、红椒洗净，切成大块。❷锅放油旺火烧热，放入姜片爆炒，再放牛肉片炒至变色，再将青椒、红椒放入一起炒匀，放入盐，炒匀装盘即可。

泡菜牛肉

材料 泡菜200克，牛肉300克

调料 干辣椒3克，红椒10克，盐2克，酱油1克

做法 ❶牛肉洗净切片，抹上盐和酱油腌渍入味；泡菜切块；红椒洗净切块；干辣椒洗净切段。❷锅中倒油烧热，下入牛肉炒熟，再倒入泡菜炒匀。❸下入干辣椒和红椒炒入味，即可出锅。

牛肉炒蒜片

材料 牛肉500克，蒜50克，豆芽200克，韭菜200克

调料 酱油20克，盐5克，味精2克

做法 ❶牛肉洗净切成薄片；豆芽洗净掐去头尾；韭菜洗净切段；蒜头剥好切薄片。❷锅烧热入油，下蒜片爆热，然后加入牛肉、豆芽、韭菜一起翻炒，下酱油和盐、味精，炒匀至汁快干时出锅装盘。

牛肉大烩菜

材料 牛肉、粉丝、大白菜、上海青各250克

调料 红油20克，姜10克，盐5克，味精2克

做法 ❶牛肉洗净切片；粉丝用清水冲洗泡发；大白菜和上海青洗净切开；姜去皮切片。❷锅烧热入油，下姜片爆炒，然后加入牛肉炒熟，再下粉丝、大白菜、上海青、红油和盐、味精，至大火炒匀时出锅装盘。

红椒姜汁牛肉

材料 牛肉200克，红椒400克

调料 高汤、姜汁、红油、盐、鸡精各适量

做法 ❶ 将牛肉洗净，切片；红椒洗净，切圈。❷ 将切好的红椒和牛肉装盘，倒入适量高汤和姜汁，入蒸锅蒸熟。❸ 最后加入红油、盐和鸡精调味即可。

土坛筒笋牛肉

材料 牛肉500克，笋150克

调料 盐、胡椒粉、酱油、红油、香菜各适量

做法 ❶ 牛肉洗净，切块，氽水后捞出；香菜洗净；笋洗净，切段。❷ 油锅烧热，入牛肉翻炒，调入酱油，炒至上色，加水煮开。❸ 再放入笋，用大火烧，继续转小火慢炖半个小时，调入盐、胡椒粉、红油，撒上香菜即可。

酒香牛肉

材料 啤酒30克，牛肉200克，土豆块150克

调料 红椒、葱、蒜头、芝麻、盐、香油各适量

做法 ❶ 牛肉洗净，切块，氽水；红椒、葱、蒜头洗净，切碎。❷ 油锅烧热，下牛肉炸至变色，捞出；锅内留油，下土豆炸香。❸ 入牛肉炒匀，下啤酒、红椒、葱、蒜头、芝麻、盐、香油，炒匀即可。

辣炒卤牛肉

材料 卤牛肉350克，青、红椒各50克

调料 盐3克，生抽4克，料酒3克，鸡精2克

做法 ❶ 卤牛肉切薄片；青、红椒洗净，沥干切丝。❷ 锅中注油烧热，下青、红椒爆香，再入牛肉煸炒，调入生抽和料酒翻炒。❸ 加盐和鸡精炒至入味即可出锅装盘。

麻辣牛肉丝

材料 牛里脊肉400克，芹菜75克

调料 姜丝、料酒、盐、酱油、郫县豆瓣酱、醋、花椒粉、芝麻油各适量，干椒20克

做法

❶ 将牛肉去筋洗净，切成丝；芹菜洗净切成4厘米长的段；郫县豆瓣酱剁蓉；干椒切段。

❷ 炒锅置旺火上，下油烧至五成热，下牛肉丝反复煸炒至干酥。

❸ 加入姜丝、郫县豆瓣酱、料酒、芹菜等，在芹菜断生时调味装盘即成。

土豆烧牛肉

材料 肥牛肉180克, 土豆150克, 蒜薹80克

调料 辣椒片、盐、味精、酱油各适量

做法 ❶肥牛肉、土豆洗净, 切块; 蒜薹洗净, 切段。 ❷油锅烧热, 入肥牛肉煸炒, 至肉变色捞出。 ❸锅内留油, 加土豆炒熟, 入肥牛肉、辣椒片、蒜薹炒香, 下盐、味精、酱油调味, 盛盘即可。

泡椒烧牛肉

材料 泡椒200克, 牛肉500克, 莴笋块100克

调料 盐、姜末、蒜末、醋、酱油、红油各适量

做法 ❶牛肉洗净切片, 用盐、酱油腌渍半小时; 莴笋焯水。 ❷油锅烧热, 将泡椒、姜末、蒜末、醋、红油入锅内炒香制成味料。 ❸将牛肉片放入油锅内炒熟, 再倒入味料、莴笋块与牛肉一起炒匀即可。

香牛干炒茶树菇

材料 牛肉干300克, 茶树菇350克, 蒜薹150克, 洋葱片100克

调料 干辣椒20克, 酱油5克, 鸡精1克, 盐3克

做法 ❶牛肉干泡发, 切条; 茶树菇切段; 蒜薹切段。 ❷锅倒油烧热, 放入干辣椒、茶树菇煸炒至水分干后, 加蒜薹、洋葱片翻炒, 最后加入牛肉干炒匀。 ❸加入盐、酱油、鸡精调味, 出锅即可。

苦瓜西蓝花牛肉

材料 牛肉500克, 西蓝花250克, 苦瓜250克

调料 辣椒酱30克, 酱油20克, 盐5克, 淀粉10克, 花生油适量

做法 ❶牛肉洗净切片, 用淀粉、酱油、花生油拌匀; 西蓝花、苦瓜均洗净切块, 均焯水摆盘。 ❷油锅烧热, 下牛肉、辣椒酱炒熟, 加酱油和盐, 炒至汁浓时出锅, 盖在西蓝花上即可。

八角烧牛肉

材料 牛肉400克，白萝卜30克，八角15克

调料 盐2克，花椒5克，白糖、上汤、豆瓣酱各适量

做法 ❶牛肉、白萝卜洗净切块，氽水沥干。❷油锅烧热，放入豆瓣酱、八角、花椒炒至油呈红色，加上汤和牛肉、盐、白糖烧开，改用小火烧至熟烂，再放入白萝卜，加盐烧至汁浓肉烂。

芦笋牛肉爽

材料 芦笋70克，牛肉180克

调料 葱、盐、味精各3克，水淀粉、酱油各10克，辣椒8克

做法 ❶牛肉洗净，切片，用水淀粉上浆；芦笋洗净，切成斜段，焯水；葱、辣椒洗净，切碎。❷油锅烧热，下牛肉滑熟，加辣椒、芦笋炒香。❸下盐、味精、酱油调味，撒上葱花即可。

大白菜红油煮牛肉

材料 牛肉300克，大白菜500克，青椒50克，干辣椒20克，蒜蓉50克

调料 红油、香菜、盐、鸡精、白糖、淀粉各适量

做法 ❶大白菜切片；青椒切块；香菜切段；牛肉洗净切片，用淀粉稍腌。❷油锅烧热，炒香蒜蓉、青椒、干辣椒，加大白菜翻炒，注适量水煮开，加牛肉、盐、鸡精、白糖、红油、香菜段拌匀即可。

小米椒姜汁牛肉

材料 牛肉400克，小米椒100克，高汤适量

调料 芝麻、葱花、姜汁、香油、盐各适量

做法 ❶将牛肉洗净，切薄片，用盐腌渍片刻；小米椒洗净，切圈。❷锅置火上，加油烧热，下入小米椒和芝麻炒香，注入适量高汤烧开，倒入牛肉片，加入适量姜汁炖至熟。❸最后加入盐调味，起锅装盘，淋上适量香油，撒上葱花即可。

清炖牛肉

材料 牛肉400克，白萝卜200克，胡萝卜100克

调料 葱段、姜片、盐、胡椒粉、料酒、鸡精各适量

做法 ❶牛肉洗净剁成块；白萝卜、胡萝卜洗净切块。❷牛肉块下沸水锅中汆烫，捞起。❸油锅烧热后爆香姜片，注入适量水，下牛肉块煮沸，调盐、胡椒粉、料酒、鸡精调味，入白萝卜、胡萝卜炖30分钟，撒上葱段即可。

马蹄红枣牛骨汤

材料 牛排骨250克，马蹄100克，红枣、枸杞、陈皮各适量

调料 盐少许

做法 ❶牛排骨洗净，斩块，下入沸水汆烫，捞出后用凉水冲净；马蹄去皮洗净；陈皮洗净浮尘。❷将所有原材料放入汤锅中，加水煮沸后用中火炖1~2小时。❸最后加入盐，搅匀即可。

白萝卜牛肉汤

材料 白萝卜300克，牛肉200克

调料 葱丝3克，红椒丝1克，盐3克，鸡精1克

做法 ❶白萝卜洗净，去皮切丝；牛肉洗净切丝。❷锅中倒水烧热，下入白萝卜烫熟，加入牛肉煮熟。❸加入盐、鸡精调味，撒上葱丝、红椒丝即可。

白萝卜炖牛肉

材料 白萝卜200克，牛肉300克

调料 盐4克，香菜段3克

做法 ❶白萝卜洗净去皮，切块；牛肉洗净切块，汆水后沥干。❷锅中倒水，下入牛肉和白萝卜煮开，转小火熬约35分钟。❸加盐调好味，撒上香菜即可。

杭椒牛肉丝

材料 牛肉300克，杭椒100克

调料 盐3克，味精1克，醋8克，酱油15克，鲜香菜少许

做法 ❶牛肉洗净，切丝；杭椒洗净，切圈；香菜洗净，切段。❷锅内注油烧热，下牛肉丝滑炒至变色，加入盐、醋、酱油。❸再放入杭椒、香菜一起翻炒至熟后，加入味精调味即可。

野山椒香芹牛肉丝

材料 牛肉300克，野山椒100克，香芹适量

调料 盐3克，味精2克，醋8克，生抽15克，红椒适量

做法 ❶牛肉洗净，切丝；野山椒、红椒洗净，切圈；香芹洗净，切段。❷锅内注油烧热，放入牛肉丝翻炒至变色后，再放入野山椒、红椒、香芹翻炒至熟。❸加入盐、醋、生抽，再加入味精调味即可。

芹菜炒牛肉丝

材料 牛肉300克，芹菜150克，红椒2个，胡萝卜50克，蒜苗20克，姜末、辣豆瓣酱各10克

调料 酱油5克，香油6克，白糖4克，花椒粉3克

做法 ❶芹菜、蒜苗切长段；红椒、胡萝卜切丝；牛肉逆纹切片，再切细丝。❷油锅烧热，放牛肉丝煸成焦褐色，盛出。❸油锅烧热，爆香豆瓣酱，放入其余材料及调味料，煸炒至水分收干出锅即可。

香辣牛肉丝

材料 牛肉250克，干红椒50克，香菜25克

调料 料酒、红油各10克，盐、味精各3克

做法 ❶牛肉洗净，汆去血水，切丝，用盐、味精腌3小时；干红椒洗净切好；香菜洗净。❷油锅烧热，入牛肉炸透，烹入料酒，入干红椒、香菜。❸加盐、味精、红油炒匀，盛盘即可。

山椒肥牛

材料 肥牛350克，青、红椒各20克

调料 盐2克，山椒水、麻油、辣椒酱各适量

做法 ❶ 肥牛洗净，切片；青、红椒分别洗净，切圈。❷ 锅内下油烧热，加入辣椒酱、盐、山椒水，加水下肥牛煮熟入味，起锅装碗。❸ 热锅放入麻油，下青、红椒圈炒香，淋在菜上即成。

小炒肥牛

材料 肥牛肉500克，红椒250克

调料 红辣椒250克，姜20克，盐5克，味精2克，料酒10克，生抽10克，红油5克

做法 ❶ 肥牛肉洗净切薄片；姜洗净切片；红辣椒洗净切成圈。❷ 锅下油烧热，爆香红辣椒、姜片，下牛肉、料酒大火煸炒至熟，转小火，下生抽、红油、盐和味精，炒匀盛出。

泡椒牛肉丝

材料 牛肉300克，泡椒100克，芹菜梗50克

调料 盐、酱油、醋、干辣椒各适量

做法 ❶ 牛肉洗净，切丝；泡椒洗净；芹菜梗洗净，切段；干辣椒洗净切碎。❷ 锅中注油烧热，下牛肉丝翻炒至变色，再放入泡椒、芹菜梗一起炒匀。再加入干辣椒炒至熟后加入盐、酱油、醋拌匀调味，起锅装盘即可。

大葱牛肉丝

材料 牛肉300克

调料 盐、胡椒粉、柱候酱、老抽各适量，葱丝、红椒、姜米、香菜末、淀粉各少许

做法 ❶ 牛肉切丝；红椒切米。❷ 牛肉加盐、淀粉腌渍；葱丝装盘。❸ 爆香姜米、红椒、柱候酱，放牛肉，中火炒至牛肉快熟时加盐、胡椒粉、老抽炒匀，用淀粉勾芡，撒上香菜，盛在葱丝上即成。

豌豆牛肉粒

材料 牛肉、豌豆各250克

调料 干辣椒粒30克，姜、淀粉、料酒、盐适量

做法 ❶牛肉洗净，切丁，加入少许料酒、淀粉上浆。❷豌豆洗净，入锅中煮熟后，捞出沥水；姜去皮洗净切片。❸油烧热，下干辣椒粒、红辣椒、姜片爆热，入豌豆、牛肉翻炒，再调入盐，用淀粉勾芡，装盘即可。

大蒜牛肉粒

材料 牛肉350克，蒜100克，熟芝麻适量

调料 盐、酱油、料酒、黑胡椒粉、白糖各适量

做法 ❶牛肉洗净，切粒，加料酒腌渍片刻；蒜去皮，洗净待用。❷锅中倒油烧热，下牛肉粒，调入酱油、白糖和黑胡椒粉翻炒，下蒜翻炒至熟。❸最后加入盐调味，撒上熟芝麻即可。

翡翠牛肉粒

材料 青豆300克，牛肉100克，白果20克

调料 盐3克

做法 ❶青豆、白果分别洗净沥干；牛肉洗净切粒。❷锅中倒油烧热，下入牛肉炒至变色，盛出。❸净锅再倒油烧热，下入青豆和白果炒熟，倒入牛肉炒匀，加盐调味即可。

松仁牛肉粒

材料 牛肉300克，青、红椒各50克，熟松仁20克，干红椒15克，淀粉适量

调料 盐3克，酱油5克，料酒5克，味精2克

做法 ❶牛肉切丁，用淀粉和料酒裹匀；青、红椒切圈；干红椒洗净。❷锅中倒油烧热，下牛肉，调入酱油翻炒至断生，先后下松仁、干红椒和青、红椒圈继续翻炒。❸调入盐和味精，炒匀盛出。

酥炸牛肉丸

材料 牛肉500克，鸡蛋1个

调料 盐3克，红油、陈皮各5克，花椒盐、味精各2克，胡椒粉1克，姜末10克，葱末、香油、发粉糊、淀粉各15克

做法

❶ 将牛肉洗净剁成馅；陈皮洗净切末。

❷ 鸡蛋、盐、胡椒粉、味精、香油、葱末、姜末、陈皮末、淀粉加少许水，与肉馅一起搅匀，捏成丸子，再将丸子入锅蒸熟，取出放凉，打花刀后粘上一层发粉糊。

❸ 锅中油烧热，将粘上发粉糊的丸子炸至深黄色后捞出，同红油、花椒盐拌匀即可食用。

杭椒牛柳

材料 牛柳250克，杭椒200克

调料 味精5克，酱油10克，盐5克，绍酒10克，香油10克

做法 ❶ 杭椒洗净，去蒂；牛柳洗净，切条，加盐、味精腌渍片刻。❷ 锅烧热下油，下牛柳炒至七成熟时捞起。❸ 锅中再下入杭椒爆炒至熟，加入牛柳、绍酒、酱油翻炒，以淀粉勾芡，起锅装盘。

豆豉牛柳

材料 牛柳500克，豆豉50克，葱段少许

调料 盐、姜末、蒜末、盐、鸡精各适量

做法 ❶ 牛柳洗净，切成条，加盐腌渍10分钟。❷ 锅中加油烧热，把牛柳下入锅内，炒至表皮微黄时捞出沥油。❸ 锅内留油，先下葱段、姜末、蒜末，煸炒出香味后把牛柳下锅翻炒匀，加入豆豉继续炒，加盐、鸡精调味，炒匀后即可出锅盛盘。

刀切茶树菇爆牛柳

材料 牛柳200克，茶树菇200克，土豆150克，青、红椒丝各适量

调料 盐3克，味精1克，酱油、料酒各10克

做法 ❶ 牛柳切丝，用酱油和料酒腌渍；茶树菇切段；土豆去皮切条。❷ 油锅烧热，下土豆条炸至金黄色，沥油摆盘；锅底留油，下牛柳炒至变色，加茶树菇、辣椒丝炒熟。❸ 加盐、味精炒至入味。

锅巴脆牛柳

材料 牛柳500克，洋葱粒50克，锅巴100克

调料 青、红椒粒各50克，葱花20克，盐5克，绍酒、酱油、香油、淀粉各10克

做法 ❶ 牛柳洗净，切块，放入酱油、盐、香油腌渍，加淀粉上浆。❷ 油锅烧热，将上浆的牛柳放进锅中炸至八成熟，放进锅巴、洋葱粒、辣椒粒、绍酒、盐，炒匀起锅装盘即可。

牛柳炒蒜薹

材料 牛柳250克，蒜薹250克，胡萝卜100克

调料 料酒15克，淀粉20克，酱油20克，盐5克

做法 ❶牛柳肉洗净，切成丝，加入酱油、料酒、淀粉上浆。❷蒜薹洗净切段；胡萝卜洗净切丝。❸锅烧热入油，然后加入牛柳、蒜薹、胡萝卜丝翻炒至熟，加盐炒匀，出锅即可。

蒜薹炒牛柳丝

材料 蒜薹400克，牛肉150克

调料 黑椒碎、淀粉各少许，盐、蚝油、白糖、蒜片、姜片各适量，葱白15克

做法 ❶蒜薹洗净切成段；牛肉洗净切丝；葱白洗净切段。❷油锅烧热，将姜片、葱白、蒜片炒香。❸加入蒜薹、牛肉炒熟，放入盐、蚝油、白糖和黑椒碎炒匀，勾芡即可。

南瓜牛柳条

材料 牛柳、南瓜各250克

调料 红辣椒15克，料酒15克、淀粉、酱油各20克，盐5克

做法 ❶将牛柳洗净，切成条，加入酱油、料酒、淀粉上浆。❷南瓜、红辣椒洗净切成条。❸锅烧热下油，然后加入牛柳、南瓜、红辣椒一起翻炒，下盐，至汁少时出锅装盘。

口口香牛柳

材料 牛柳500克，洋葱丝50克，芝麻10克

调料 青、红椒丝各适量，料酒、淀粉、香油各10克，盐5克，姜汁、松肉粉各适量

做法 ❶牛柳洗净，切片，加入姜汁、松肉粉、淀粉上浆。❷锅烧热入油，然后加入牛柳、椒丝、洋葱丝、香油翻炒，下料酒，加盐，撒上芝麻，出锅装盘。

西红柿牛腩

材料 牛腩、西红柿各300克

调料 八角1粒，干辣椒段20克，蒜末10克，姜末10克，盐5克，白糖10克，胡椒粉适量

做法 ❶ 牛腩切块，下油拌匀，加八角及清水煮至汁浓时捞起；西红柿去蒂洗净切块。❷ 油锅烧热，下干辣椒段、蒜、姜炒匀，加入牛腩及西红柿拌炒。❸ 调入盐、白糖、胡椒粉，出锅装盘即成。

开胃双椒牛腩

材料 青辣椒、红辣椒各20克，牛腩300克

调料 葱5克，白糖3克，盐2克，酱油4克，蚝油3克

做法 ❶ 牛腩洗净切块；青辣椒、红辣椒洗净切段；葱洗净切碎。❷ 锅中倒油加热，下入牛腩炒熟，加入白糖、盐、酱油、蚝油炒匀。❸ 下入青辣椒和红辣椒炒香，出锅撒上葱花即可。

土豆酱焖牛腩

材料 牛腩、土豆各250克

调料 盐3克，香油、甜面酱、酱油、白糖、料酒、青椒、红椒各适量

做法 ❶ 牛腩洗净，切块，用甜面酱、酱油、白糖、料酒腌渍；土豆去皮洗净，切块。❷ 油锅烧热，下牛腩滑熟，入土豆、青椒、红椒翻炒，加入水烧开，焖20分钟。❸ 收汁，调入盐，淋入香油即可。

川府牛腩

材料 牛腩500克，腐竹100克，葱段、香菇各20克，姜末、蒜片各15克

调料 盐3克，生抽、料酒、红油各适量

做法 ❶ 牛腩切块；腐竹泡发，切段；香菇泡发。❷ 锅注水烧热，入牛腩汆水，捞出沥水。起油锅，下姜末、蒜片爆香，放牛腩、腐竹、香菇煸炒，调入盐、生抽、料酒、红油，撒上葱段略炒即可。

芋头烧牛腩

材料 牛腩、芋头各400克

调料 盐、胡椒粉、酱油、料酒、红油、大葱段、青椒圈、红椒圈各适量

做法 ❶牛腩洗净，切块；芋头去皮洗净，切块。❷油锅烧热，下牛腩块略炒，入芋头、青椒、红椒、大葱同炒片刻，再加水同煮至肉烂。❸调入盐、胡椒粉、酱油、料酒，淋入红油即可。

鲜笋烧牛腩

材料 竹笋200克，牛腩350克

调料 干辣椒5克，红油10克，盐2克，酱油4克

做法 ❶竹笋洗净，对半剖开；牛腩洗净切块；干辣椒洗净切段。❷锅中倒油烧热，下入牛腩炒熟，加入竹笋、干辣椒炒匀。❸下入盐、酱油、红油炒匀，倒适量水烧至汁水浓稠后即可。

鸡腿菇焖牛腩

材料 牛腩500克，上海青300克，泡发鸡腿菇250克，青、红椒丁各适量，蒜片20克

调料 姜片10克，豆瓣酱10克，盐5克

做法 ❶牛腩、鸡腿菇均洗净切块；上海青洗净，焯水，装盘。❷油锅烧热，爆香姜片和蒜片，放进牛腩，加入豆瓣酱，放入鸡腿菇、辣椒丁拌炒，调入盐，盛出，装盘即可。

大蒜小枣焖牛腩

材料 牛腩300克，金丝枣80克，大蒜50克，胡萝卜100克

调料 盐3克，生抽、料酒、水淀粉各适量

做法 ❶牛腩洗净切块；大蒜、胡萝卜洗净切块；金丝枣洗净待用。❷锅中注油烧热，下牛腩，调入生抽、料酒，加大蒜、金丝枣、胡萝卜稍炒，加水焖熟。❸加入盐和水淀粉调成的芡汁，炒匀即可。

泰式香辣牛腩

材料 牛腩500克，胡萝卜300克，红椒2克，土豆1个，芹菜50克，上汤适量

调料 咖喱粉30克，胡椒粉适量，椰酱100克，盐、鸡精各适量，蒜蓉5克

做法

❶ 将牛腩洗净，切块氽水，捞出，冲凉后洗净，入开水锅中慢火煮3个半小时；将土豆、胡萝卜洗净，切块；芹菜洗净切段。

❷ 油锅烧热，炒香蒜蓉，放入土豆、胡萝卜、芹菜、红椒炒香，加入咖喱粉、上汤、椰酱，大火煮开，倒入牛腩，慢火煮15分钟，调入盐、胡椒粉、鸡精。

❸ 起锅装盘即可。

芝香小肋排

材料 牛小排800克，芝麻10克，西蓝花50克

调料 葱、生抽、糖、淀粉、胡椒粉各适量

做法 ① 将牛小排洗净切段，放入油锅中煎至九成熟；西蓝花洗净。② 葱洗净切末，放入锅中，加入生抽、芝麻、糖、淀粉、胡椒粉加热调成汁。③ 将汁撒在牛小排上，西蓝花过水煮熟后放在盘边点缀即可。

筷子排骨

材料 牛排骨500克，红椒30克

调料 葱10克，盐、孜然、酱油、红油各适量

做法 ① 牛排骨治净，斩件，入沸水中汆烫后，捞出沥干备用；红椒去蒂洗净，切丁；葱洗净，切花。② 牛排骨入锅炸至五成熟后，捞出控油。③ 锅留少许油，入红椒略炒，再放入牛排骨，加盐、孜然、酱油、红油、葱花炒至入味。

肥牛烧黑木耳

材料 肥牛肉150克，黑木耳100克，洋葱20克

调料 辣椒10克，盐、味精各4克，酱油10克

做法 ① 肥牛洗净，切块；黑木耳洗净，摘蒂，撕成小块；辣椒、洋葱洗净，切小块。② 油锅烧热，入肥牛煸炒，至肉色变色时，加黑木耳炒熟。③ 放辣椒、洋葱炒香，入盐、味精、酱油调味，盛盘即可。

红椒牛肉丝

材料 牛肉300克，红椒150克

调料 盐、味精各3克，料酒、酱油、香油各10克

做法 ① 牛肉洗净，切丝，用盐、味精、料酒、酱油腌渍；红椒洗净，切丝。② 油锅烧热，下牛肉丝滑熟，再入红椒同炒片刻。③ 出锅前淋入香油即可。

香芹炒羊肉

材料 羊肉400克，香芹少许

调料 盐、味精、醋、酱油、红椒、蒜各适量

做法 ❶羊肉洗净，切片；香芹洗净，切段；蒜洗净，切开；红椒洗净，切圈。❷锅内注油烧热，下羊肉翻炒至变色，加入香芹、蒜、红椒一起翻炒。❸再加入盐、醋、酱油炒至熟，最后加入味精调味，起锅装盘即可。

小炒羊肉

材料 羊肉500克，红椒米、姜末、蒜末、葱花各少许

调料 盐5克，料酒10克，香油、美极鲜酱油各适量

做法 ❶羊肉洗净，切片，用盐、料酒、美极鲜酱油腌渍。❷油烧热，下入羊肉翻炒至羊肉刚变色时，下入红椒米、姜蒜末、盐，烹入料酒，旺火翻炒，淋上香油，撒上葱花即成。

双椒炒羊肉末

材料 青椒、红椒各100克，豆豉10克，羊肉250克

调料 老姜3片，葱丝20克，盐适量

做法 ❶青、红椒洗净切片；姜去皮洗净切片；羊肉洗净切成细末。❷将羊肉末入油锅中滑熟后盛出。❸锅上火，油烧热，放入豆豉爆香，再加入肉末快速拌炒过油，然后下入葱丝、青椒、红椒、姜片拌炒均匀，加盐调味即成。

爆炒羊肚丝

材料 羊肚300克，葱、姜、蒜各10克，洋葱15克，青、红椒及干辣椒各15克

调料 花椒3克，盐5克，味精1克，白糖少许，酱油5克

做法 ❶葱、姜、蒜切片；洋葱、青椒、红椒切丝；羊肚煮熟后切丝。❷羊肚丝放入油锅炒香后捞出，葱、姜、蒜、花椒炒香，加入洋葱、干辣椒、青红椒爆炒。❸再下入羊肚丝，调入调味料即可。

酸辣小炒羊肉

材料 羊肉1000克，红椒20克，水发木耳、蒜薹各30克，熟芝麻少许

调料 泡椒40克，盐4克，生抽10克，香菜、醋各适量

做法 ❶羊肉、红椒、蒜薹均切成碎粒；香菜、木耳均切小片。❷油锅烧热，下羊肉、蒜薹爆炒，加泡椒、红椒、盐、生抽、醋炒香，香菜摆在盘底，木耳焯水后放香菜上，羊肉入盘，撒熟芝麻即可。

洋葱爆羊肉

材料 羊肉400克，洋葱200克，蛋清适量，西红柿1个

调料 盐、料酒、水淀粉、香油、葱白各适量

做法 ❶羊肉洗净切片，加盐、蛋清、水淀粉搅匀；洋葱、葱白、西红柿洗净切好。❷盐、料酒、水淀粉搅成芡汁。油烧热，放入羊肉片，加洋葱搅散，入芡汁翻炒，淋香油，加葱白拌匀，西红柿片码盘装饰即可。

板栗焖羊肉

材料 羊肉500克，板栗、胡萝卜、白萝卜各适量

调料 桂皮1片，八角3粒，糖3克，酱油5克，米酒10克，葱段、姜蓉、淀粉、香油各适量

做法 ❶胡萝卜、白萝卜切块；羊肉切片。❷烧热油锅，爆香葱段、姜蓉，下羊肉小炒，再放入胡萝卜、白萝卜和其余调味料加水焖煮。❸留羊肉去他料，放板栗焖煮至熟，淋入淀粉及香油即可。

小炒黑山羊

材料 嫩黑山羊肉400克，芹菜段80克，青椒、红椒各25克，水淀粉30克，豆豉50克

调料 盐3克，生抽8克，料酒10克

做法 ❶羊肉切片，放盐、料酒、水淀粉上浆；青椒、红椒切圈。❷羊肉下入八成热油锅中炸香，捞出沥油；锅留油，下青红椒、豆豉、盐、生抽炒匀，下羊肉、芹菜段合炒。❸以水淀粉勾芡即可。

双椒爆羊肉

材料 羊肉400克，青椒、红椒各80克

调料 盐、味精各3克，料酒10克，水淀粉25克，香油10克

做法

① 羊肉洗净切片，加盐、水淀粉搅匀，上浆；青、红椒洗净斜切成圈备用。

② 油锅烧热，放入羊肉滑散，加入料酒，放入青、红椒炒均匀。

③ 炒至羊肉八成熟时，以水淀粉勾芡，加入味精，炒匀，淋上香油即可。

酱爆羊肉

材料 羊肉400克，西蓝花300克，西红柿1个，蛋清适量，葱段12克，水淀粉10克

调料 盐4克，辣椒粉5克，酱油、料酒各10克

做法

① 羊肉洗净切片，加盐、酱油、蛋清、水淀粉拌匀；西蓝花洗净，掰成小朵，在盐开水里烫熟；西红柿洗净切成瓣。

② 油锅烧热，加羊肉滑散，下辣椒粉、料酒翻炒，加葱段炒匀，盛出后与西蓝花和西红柿摆盘即可。

纸包羊肉

材料 羊肉300克，冬菇、竹笋、红椒、葱、姜适量

调料 盐3克，胡椒粉2克，料酒10克

做法 ❶羊肉洗净切片；红椒、冬菇、竹笋洗净切片。❷将羊肉片与盐、胡椒粉、料酒、葱姜末、冬菇片、竹笋片、红椒拌匀。❸将拌好调料的材料用小玻璃纸包成小包，放入温油中炸熟，捞出控油，剥去玻璃纸，装盘即可。

烩羊肉

材料 羊肉500克，胡萝卜、西红柿、洋葱各适量

调料 酱油、味精、水淀粉、盐各适量

做法 ❶羊肉、胡萝卜均洗净切块，分别焯水；西红柿洗净剥去外皮切块；洋葱剥皮洗净，切条。❷烧热油，加入西红柿块、酱油、水、羊肉块、胡萝卜炒匀，焖煮1小时后再加入洋葱、盐、味精，翻炒至汤汁快干时以水淀粉勾芡即可。

洋葱炒羊肉

材料 羊肉250克，香菜10克，洋葱15克

调料 辣椒粉5克，孜然8克，盐5克，味精2克

做法 ❶羊肉洗净切片；香菜洗净切段；洋葱洗净切丝，垫入平锅底，烧热备用。❷炒锅中注油烧热，放入羊肉片滑散，盛出。❸炒锅内留油，放入辣椒粉、孜然炒香，加入羊肉片、香菜炒匀，调入盐、味精炒熟，盛出放在装有洋葱的平锅中即可。

金沙蜀香羊肉

材料 羊肉400克，蜂窝玉米100克

调料 姜丝、酱油、料酒、盐、白糖、淀粉、香油、芝麻、孜然各适量，青红椒70克

做法 ❶青红椒切丝；羊肉切丝，加酱油、料酒拌匀。❷油锅烧热，下羊肉炒散，加姜丝和青红椒丝炒至断生。❸加盐和白糖翻炒，用淀粉勾芡，加孜然、芝麻、香油炒匀，盛起与蜂窝玉米摆盘即成。

香辣啤酒羊肉

材料 羊肉350克

调料 干辣椒、葱各20克,啤酒80克,生抽5克,盐3克

做法 ❶ 羊肉洗净,切小块,入开水汆烫后捞出;葱洗净,切花;干辣椒洗净,切段。❷ 锅倒油烧热,放入羊肉炒干水分后,加入干辣椒煸炒。❸ 加入啤酒、生抽、盐煸炒至上色,加入葱花炒匀,起锅即可。

泼辣羊肉

材料 羊肉500克,干红椒100克,香菜100克

调料 盐3克,酱油、料酒、味精各适量

做法 ❶ 羊肉洗净切小片,用盐、酱油和料酒腌渍;干红椒、香菜洗净切段。❷ 锅中注油烧热,下羊肉滑熟盛出。❸ 另起锅注油,下干红椒爆香,再将羊肉倒回锅中,加入香菜同炒,最后加入味精调味即可。

仔姜羊肉

材料 羊肉350克,淀粉、甜面酱各10克

调料 仔姜丝、青椒、红椒各15克,蒜苗段、肉汤各20克,盐3克,料酒、酱油各5克,味精适量

做法 ❶ 羊肉切丝,加料酒、盐拌匀;青、红椒切开;酱油、淀粉、味精、肉汤拌成调味汁。❷ 锅倒油烧热,下羊肉滑散,放甜面酱炒香,加仔姜丝、青椒、红椒、蒜苗段炒几下,加调味汁炒匀即可。

蛋炒羊肉

材料 羊肉300克,鸡蛋80克,青、红椒末各50克

调料 姜葱汁、料酒、盐、酱油、淀粉各适量

做法 ❶ 羊肉洗净,切粒,加料酒、葱姜汁和淀粉上浆;鸡蛋磕入碗中,加盐搅匀。❷ 将盐、料酒、酱油、淀粉和清水调味汁;油锅烧热,将鸡蛋炒散。❸ 再热油锅,下羊肉炒至变色,入青、红椒末及鸡蛋,倒入味汁炒匀,淋入熟油,装盘即成。

双椒炒羊肉

材料 羊肉400克，红椒、青椒各适量

调料 盐、味精、醋、酱油各适量

做法 ❶羊肉洗净，切块；青椒、红椒洗净，切圈。❷锅内注油烧热，下羊肉翻炒至变色，加入红椒、青椒一起翻炒。❸再加入盐、醋、酱油炒至熟时，加入味精调味，起锅装盘即可。

锅仔菠菜羊肉丸子

材料 羊肉丸子2000克，菠菜450克

调料 盐5克，味精2克，料酒5克，葱5克，红辣椒3克

做法 ❶将羊肉丸子洗净；菠菜洗净，去根，切成段；葱、红辣椒均洗净切丝。❷锅内放清水，放入羊肉丸子煮30分钟。❸放入盐、味精、料酒烧滚，然后放入菠菜煮2分钟，出锅撒上葱丝、红椒丝即可。

干锅羊排

材料 羊排400克，干辣椒25克，熟芝麻少许

调料 葱段、姜片各10克，老抽、料酒各15毫升，香油10克，盐5克

做法 ❶羊排切块，用葱段、姜片、老抽、料酒腌渍；干辣椒切段。❷干锅加入油，烧热后放羊排炒至干香，捞出。❸原锅烧热，下干辣椒炝香，入羊排翻炒，再加入盐调味，淋香油，撒上熟芝麻。

锅仔醋烧羊肉

材料 羊肉800克，上海青300克，胡萝卜200克

调料 盐4克，酱油8克，水淀粉25克，醋50克，姜片、干红椒段、桂皮、茴香各适量

做法 ❶胡萝卜切块。❷羊肉洗净，入开水锅中煮去血水，洗净切块；净锅烧开水，下羊肉和姜片、桂皮、茴香、酱油、醋、盐，旺火烧开。❸放干红椒段和其余材料炖熟，以水淀粉勾芡即可。

干锅黑山羊肉

材料 黑山羊肉600克，红辣椒10克，熟芝麻少许

调料 盐、桂皮、八角、豆瓣酱、胡椒粉各3克，姜片、葱花、料酒、酱油各8克，高汤200克，味精少许

做法 ①黑山羊肉切片汆水；红辣椒切丁。②油锅烧热下羊肉煸炒，下料酒、姜片、桂皮、八角、酱油、豆瓣酱、红椒丁煸香，加高汤、盐煨10分钟，入干锅。③放胡椒粉、味精、盐、葱花、熟芝麻。

干锅腊仔羊肉

材料 腊仔羊肉500克

调料 豆瓣酱、红油、香油、盐各适量，料酒10克，红椒20克，蒜片15克，香菜段5克

做法 ①腊仔羊肉切块汆水；红椒洗净切片。②油锅烧热，下红椒、豆瓣酱、蒜片、料酒、盐炒香，加水烧开。③随后下入腊仔羊肉翻炒至水分快干，倒入干锅，撒入香菜段，淋入香油、红油即成。

红焖羊肉百家菜

材料 羊肉2000克，羊杂800克，金针菇、白菜各150克，葱丝、姜末、香菜、干红椒各适量

调料 豆瓣酱、胡椒粉、料酒、盐各适量

做法 ①羊肉切片；羊杂、金针菇洗净；白菜撕片；干红椒切段。②爆香豆瓣酱、姜末，下羊肉、羊杂煸香，放料酒、盐、胡椒粉和水焖至肉烂，下金针菇、白菜焖一下，放葱丝、香菜、干红椒。

锅仔羊肉萝卜

材料 羊肉800克，白萝卜、胡萝卜各200克

调料 盐4克，生抽8克，料酒、枸杞、味精各适量

做法 ①羊肉切块；白萝卜、胡萝卜去皮，斜切块；枸杞洗净待用。②羊肉在热水中汆烫一下，捞出；油锅烧热，放入羊肉翻炒，加入料酒、生抽、盐，翻炒均匀，再加水，以中火炖半小时。③再加入白萝卜、胡萝卜、枸杞，煮熟后，放入味精即可。

铁板羊里脊

材料 羊里脊400克

调料 姜片5克，蒜蓉5克，生抽10克，美极鲜30克，盐4克，味精4克，淀粉20克，料酒10克，蛋液50克

做法

❶ 羊里脊洗净后切成薄片，放入盐、味精、淀粉、生抽、蛋液码味上浆，腌渍30分钟。

❷ 羊里脊放入烧至四成热的油中小火滑5分钟，取出后控油。

❸ 锅内放入15克油，烧至七成热时放入姜片、蒜蓉煸香，倒入羊里脊翻炒均匀，加入料酒、美极鲜调好味出锅，放在烧至280℃左右的铁板上即可。

干锅烧羊柳

材料 羊肉2000克，红辣椒50克，葱花35克

调料 盐3克，料酒、辣椒酱、八角各10克，豆豉50克，姜20克，干红椒25克

做法 ❶ 羊肉汆水，入汤锅，加清水、干红椒、姜、料酒、八角、盐煮至八成烂，捞出切条。 ❷ 羊肉略炸后沥油。锅内留油，下红椒片、豆豉、葱花略炒，下羊肉，烹入料酒、辣椒酱炒匀，入干锅即可。

干锅白萝卜羊腱肉

材料 羊腱肉、白萝卜、青椒、红椒、芹菜各适量

调料 盐4克，酱油8克，料酒10克，糖15克

做法 ❶ 羊腱肉洗净切块，白萝卜去皮洗净切片，青、红椒洗净切块，芹菜洗净切段。 ❷ 羊腱肉用盐、料酒、酱油腌渍；油锅烧热，下羊腱肉，加糖滑散，加青、红椒炒匀。 ❸ 干锅中倒少许水，加白萝卜和炒好的羊腱肉，煮至八成熟，加芹菜炒匀即可。

锅仔羊杂

材料 羊肝、羊心、羊肠各200克，泡椒80克

调料 料酒10克，盐4克，红油8克，醋10克，蒜苗20克，辣椒酱30克，蒜头10克

做法 ❶ 羊肝、羊心切片，羊肠切段；羊杂汆水；蒜苗切段，蒜头去皮洗净。 ❷ 蒜头入油锅爆香，放羊肝、羊肠、羊心翻炒，加泡椒、水、料酒、盐、红油、醋、辣椒酱焖煮至熟，放蒜苗段即可。

干锅羊杂

材料 羊杂2000克

调料 蚝油、料酒各35克，红油、姜片各20克，豆瓣酱30克，盐5克，泡椒适量，大蒜20克

做法 ❶ 羊杂洗净切碎；大蒜去皮，洗净切片。 ❷ 油锅烧至七成热，放入蚝油、红油、姜片、泡椒、豆瓣酱、盐，小火爆香，放入羊杂炒熟，烹入料酒，翻匀出锅装入已加热的干锅中。 ❸ 再撒上蒜片即可。

醋泼羊头肉

材料 羊头肉800克，芹菜梗20克，红椒25克

调料 盐4克，酱油、料酒、红油、醋各适量

做法 ❶羊头肉洗净切块，红椒洗净切圈，芹菜梗洗净切段备用。❷羊头肉放入开水中汆烫一下，捞出；油锅烧热，放入羊头肉，加入盐、酱油、料酒、红油、翻炒均匀，再加入红椒、芹菜梗。❸快出锅时，淋上醋，装盘即可。

烟笋羊排

材料 羊排650克，烟笋80克，熟芝麻少许

调料 辣椒段、八角、料酒、酱油、葱段、盐各适量

做法 ❶羊排洗净，切块，入汤锅，加水、八角煮烂，捞出；烟笋洗净泡发后，切成小条。❷油烧热，下辣椒段、烟笋略炒，再加入羊排，烹入料酒炒香。❸加盐、酱油、葱段，撒上熟芝麻，即可。

泡椒羊杂

材料 羊肝、羊肠各200克，泡椒80克

调料 盐4克，酱油8克，葱段10克，蒜头、辣椒各20克，芹菜梗5克

做法 ❶羊肝、羊肠入开水中煮熟，切片；辣椒切块；芹菜梗切段；蒜头去皮切半。❷泡椒入油锅炒香，加入煮好的羊杂，放盐、酱油炒匀，加辣椒、蒜头和葱段。❸炒至入味时，放芹菜梗炒匀即可。

辣子羊排

材料 羊排500克，辣椒粉50克

调料 盐4克，味精2克，酱油8克，葱15克，熟芝麻、料酒各10克

做法 ❶羊排切条，葱切葱花。❷用刀在羊排上划花，加盐、味精、酱油、料酒腌渍20分钟，再下入油锅中炸至金黄色。❸另起油锅，放辣椒粉、盐，翻炒均匀，淋在羊排上，撒上葱花和熟芝麻即可。

干煸羊肚

材料 羊肚400克，红椒50克，芹菜梗12克

调料 盐3克，味精2克，酱油8克，香菜、料酒各10克

做法 ❶羊肚洗净切小块，红椒洗净切圈，香菜、芹菜梗洗净切段。❷羊肚在热水中煮熟，捞出；油锅烧热，下入羊肚，加盐、料酒、酱油，翻炒均匀。❸下红椒翻炒，加入芹菜梗、味精，炒匀，撒入香菜即可。

慈菇炒羊头肉

材料 慈菇100克，羊头肉300克

调料 盐2克，味精1克，醋8克，生抽10克，红椒少许

做法 ❶慈菇洗净泡发；羊头肉洗净，切小块；红椒洗净，切圈。❷锅内注油烧热，下羊头肉翻炒至变色，加入慈菇、红椒一起翻炒。❸再调入盐、醋、生抽炒至熟时，加入味精调味即可。

炒羊肚

材料 羊肚500克，粉丝、红椒、香菜各少许

调料 盐3克，老抽15克，料酒20克

做法 ❶羊肚切丝，晾干；粉丝用温水焯过后沥干；红椒切丝。❷炒锅置于火上，注入植物油，用大火烧热，下料酒，放入羊肚丝翻炒，再加入盐、老抽、红椒继续翻炒。❸炒至羊肚丝呈金黄色时，放入焯过的粉丝与香菜稍炒，起锅装盘即可。

干锅羊肚萝卜丝

材料 羊肚800克，白萝卜200克

调料 盐5克，味精2克，酱油8克，姜15克，蒜头20克，香菜段、料酒各10克，高汤适量

做法 ❶羊肚切丝；白萝卜切丝。❷蒜头爆油锅，下萝卜丝煸炒，捞出；另起油锅烧热，放姜煸香，加羊肚丝、盐、酱油、料酒炒匀。❸干锅入高汤、味精和炒好的材料煮至烂熟，撒上香菜段即可。

水产·海鲜
——软嫩滑爽低脂肪

水产海鲜含有丰富的蛋白质和多种微量元素，与红肉相比，对人体健康的作用更为显著。烹调水产海鲜的关键在于带出其鲜味，要做出好吃的水产海鲜菜，调味和火候的控制都相当重要。我们在这里将教大家制作各种水产小炒，享受江河湖泊孕育的清鲜美味。

手撕腊鱼

材料 腊鱼500克

调料 盐5克，味精3克，葱花10克

做法 ❶将腊鱼放入水中浸泡至软后，洗净捞出。❷锅上火加水烧沸，下入腊鱼蒸至熟软。❸将蒸熟的腊鱼取出，待凉后，用手撕成小条，放入盐和味精拌匀，撒上葱花即可。

拌河鱼干

材料 河鱼干200克

调料 盐5克，味精3克，干椒段20克，葱花10克，蒜蓉5克

做法 ❶河鱼干洗净，下入烧沸的油锅中炸至酥脆后捞出，沥油装入盘中。❷锅上火，加油烧热，下入干椒段、蒜蓉、葱花炒香，取出待用。❸将河鱼干装入碗内，加入炒好的干椒和盐、味精一起拌匀即可。

酱汁剥皮鱼

材料 剥皮鱼500克

调料 老抽、料酒、盐各5克，酱油、味精各3克，葱、蒜、姜各5克，红椒10克

做法 ❶剥皮鱼去头和内脏，洗净；葱洗净切成葱花；姜洗净切成末；蒜洗净剁成蓉。❷将剥皮鱼下入八成热的油中炸至金黄色，捞出。❸将所有调味料调拌成酱汁，放入剥皮鱼中拌匀即可。

潮式盐水虾

材料 虾1000克

调料 盐、葱、姜、花椒、八角各适量

做法 ❶将虾治净待用；葱洗净切段；姜洗净切片。❷锅内添清水，放入虾，加调味料煮熟，捞出虾，拣去花椒、八角、葱、姜。❸将原汤过滤，放入虾浸泡20分钟，取出摆盘即可。

四宝西蓝花

材料 鸣门卷、西蓝花、虾仁、滑子菇各50克

调料 盐、味精各3克，醋、香油各适量

做法 ❶ 鸣门卷洗净，切片；西蓝花洗净，掰成朵；虾仁洗净；滑子菇洗净。❷ 将上述材料分别焯水后捞出同拌，调入盐、味精、醋拌匀。❸ 淋入香油即可。

花生拌鱼片

材料 草鱼1条，花生米50克

调料 料酒20克，盐、白酱油、白糖、味精、香油各适量，葱段10克，姜米5克

做法 ❶ 鱼刮去鳞洗净，剔下两旁鱼肉切薄片，用盐、料酒、葱、姜腌约15分钟，入油锅滑开。❷ 花生米用盐水浸泡，入油锅中炸香，捞出。❸ 将炸好的花生米摆入盘中，加入鱼片和剩余的调料拌匀即可。

潮式腌花蟹

材料 花蟹500克，香菜、红椒各20克

调料 酱油、盐各5克，鱼露10克，味精3克，葱、姜、蒜各5克

做法 ❶ 将花蟹放入清水中洗干净，其他材料洗净，切末。❷ 切成末的材料加入所有调味料调匀成味汁，将花蟹放入味汁中腌渍。❸ 再将腌好的蟹放入密封罐中封好即可。

姜葱蚬子

材料 蚬子300克

调料 米酒10克，酱油、糖各5克，姜、葱各10克

做法 ❶ 姜洗净去皮切片；葱洗净切段。❷ 蚬子泡入盐水中，待吐沙后捞出洗净，放入滚水中烫至外壳略开，立刻熄火，捞出沥干备用。❸ 蚬子放入碗中，加入蒜末和调料拌匀，移入冰箱冷藏2小时，待食用时取出。

凉拌花甲

材料 花甲500克，红椒20克

调料 盐5克，味精3克，胡椒粉3克，葱10克，姜5克

做法 ❶ 红椒洗净去蒂去籽，切成小块；花甲洗净。❷ 锅中加水烧沸，下入花甲煮至开壳，肉熟时，捞出装入碗内。❸ 花甲加入红椒块和所有调味料一起拌匀即可。

老醋蜇头

材料 海蜇头200克，黄瓜50克

调料 盐、醋、生抽、红油、红椒适量

做法 ❶ 黄瓜洗净，切成片，排于盘中；海蜇头洗净；红椒洗净，切片，用沸水焯一下待用。❷ 锅内注水烧沸，放入海蜇头焯熟，捞起沥干放凉并装入碗中，再放入红椒。❸ 碗中加入盐、醋、生抽、红油拌匀，再倒入排有黄瓜的盘中即可。

鸡丝海蜇

材料 鸡肉200克，海蜇100克，香菜、红椒各适量

调料 盐、味精、鸡精各3克，麻油、辣椒油、葱、姜各适量

做法 ❶ 鸡肉入水煮熟，撕成丝，加入盐、味精、鸡精拌匀。❷ 将海蜇丝入沸水中稍焯后，捞出放入清水中泡1个小时左右，用香菜梗、葱花、姜丝、辣椒油、麻油拌匀。将鸡丝放在海蜇丝上摆好。

蒜蓉粉丝扇贝

材料 花蟹500克，香菜、红椒各20克

调料 酱油、盐各5克，鱼露10克，味精3克，葱、姜、蒜各5克

做法 ❶ 将蒜去皮剁成碎末；粉丝用沸水泡发，入沸水烫熟。❷ 扇贝治净，再剖成两半，放入盐水中汆熟，捞起摆入盘中。❸ 锅中烧油，将蒜蓉生抽、盐、味精炒成味汁，淋在扇贝上，最后撒上葱花。

潮式腌扇沙蚬

材料 扇沙蚬500克，香菜末、红椒末各20克

调料 酱油5克，鱼露10克，盐5克，味精3克，葱末、姜末、蒜各5克

做法 ❶将扇沙蚬放置清水中，往里加入少许盐，待其吐尽泥沙放入开水中烫至开口，捞出，装入碗中。❷将香菜末、红椒末、姜末、葱花、姜末、蒜蓉和所有调味料一起调成味汁，倒入沙蚬中腌好即可。

油浸鱼

材料 草鱼750克，白萝卜100克

调料 料酒、香油、姜丝、白砂糖、香菜段、盐、酱油、红椒丝各适量，葱段10克

做法 ❶草鱼治净，用盐、料酒腌渍；白萝卜洗净，去皮切丝。❷将鱼摆盘，放入姜丝、葱段和白萝卜，倒入适量酱油和白砂糖，入蒸锅蒸熟。❸出锅撒上香菜段和红椒丝，淋上香油即可。

豆花鱼片

材料 草鱼300克，河水豆花100克

调料 蒜末、葱花各3克，豆瓣10克，姜末、干辣椒、淀粉各5克，盐、鲜汤适量

做法 ❶草鱼治净，切成片，用盐和淀粉腌渍；豆花入沸水焯熟，盛盘待用。❷起油锅，放豆瓣、姜末、蒜末煸香，加入干辣椒略炒，掺入鲜汤，下鱼片煮熟，捞起放在豆花上，撒上葱花，淋适量原汤。

野山椒蒸草鱼

材料 草鱼1条，野山椒100克，红椒丝适量

调料 盐3克，味精2克，剁辣椒、葱花、葱白段、香菜段、料酒、辣椒面、香油各适量

做法 ❶野山椒洗净去蒂；红椒洗净切丝。❷草鱼治净剁成小块，用盐、辣椒面、料酒腌渍入味后装盘。❸将所有材料撒在鱼肉上，用大火蒸熟，关火后等几分钟再出锅，淋上香油即可。

红烧鲫鱼

材料 鲫鱼1条，红辣椒2个

调料 生姜末、蒜末、油、盐、酱油、醋、黄酒各适量

做法 ❶鲫鱼去鳞洗净，在背上划花刀，加盐腌渍。❷锅中油烧沸后，把鱼放入锅中煎炸，放少许生姜于其上。❸将红辣椒、蒜置于油中煎香，再将鱼和作料放在一起，加入少量的水混在一起煮，最后放入少量的黄酒、酱油和醋即可。

香菜烤鲫鱼

材料 鲫鱼500克，香菜50克，竹签数根

调料 盐、鸡精各3克，香油、辣椒粉各适量

做法 ❶将鲫鱼治净，打上花刀；香菜洗净，切碎，塞入鲫鱼肚子里。❷鲫鱼两面抹上盐、鸡精、辣椒粉、香油，用竹签串起，放入微波炉烘烤。❸烤3分钟至熟取出即可。

豉汁蒸脆鲩腩

材料 鲩鱼腩600克，豆豉40克

调料 盐1克，蚝油5克，老抽、白糖、味精各2克，生抽、淀粉各3克，蒜蓉、葱蓉、青椒碎、红椒碎、姜碎、花生油各适量

做法 ❶鲩鱼腩治净，斩小件，加豆豉、蒜蓉、青椒碎、红椒碎、葱蓉、姜碎和所有调味料搅匀，装碟中铺平。❷隔水大火蒸10分钟，淋上花生油。

清蒸福寿鱼

材料 福寿鱼1条

调料 盐2克，味精3克，生抽10克，香油5克，姜5克，葱3克

做法 ❶福寿鱼治净，在背上划花刀；姜切片；葱洗净，葱白切段，葱叶切丝。❷将鱼装入盘内，加入姜片、葱白段、味精、盐，放入锅中蒸熟。❸取出蒸熟的鱼，淋上生抽、香油，撒上葱叶丝即可。

松鼠鱼

材料 鲜鱼1条

调料 西红柿汁100克，白糖5克，盐适量 ，醋10克，淀粉适量

做法

1 鲜鱼宰杀治净。

2 去骨留头、尾，鱼肉切十字花刀。

3 鱼肉拍上淀粉，入锅炸至金黄色，置于盘中，淋上调味料拌成的糖醋汁即可。

农家窝头烧鲫鱼

材料 鲫鱼3条，红椒适量，窝头8个，红枣8颗

调料 盐3克，酱油、白糖、料酒适量，葱20克

做法 ❶葱洗净；红椒洗净切丝；红枣洗净后放在窝头上，入屉蒸熟；鲫鱼治净。❷油锅烧热，放入鲫鱼煎透，捞出沥油。❸余油烧热，下适量清水，加入调料，把鱼放入炖30分钟后放葱、红椒，稍煮后装盘，将窝头摆盘即成。

特色酸菜鱼

材料 鱼块1000克，酸菜、泡椒、红椒各适量

调料 料酒、花椒、蒜、姜、盐、鸡精各适量

做法 ❶酸菜洗后切段；红椒洗净切段；蒜洗净切丁；姜洗净去皮切丁。❷起油锅，下入花椒、姜片、蒜爆香，倒入酸菜煸炒出味，加水烧沸，下鱼，用大火熬煮，滴入料酒去腥，加入盐、鸡精、泡椒、红椒煮熟即可。

柠檬鲜椒鱼

材料 鲶鱼1条，柠檬两个，红椒20克

调料 盐2克，鸡汤适量，葱花少许

做法 ❶鲶鱼治净，去主刺，头、尾摆盘，肉切片抹盐腌渍；柠檬部分切片摆盘，其余取肉捣碎备用；红椒切段。❷将腌好的鱼肉摆在盘中，柠檬肉连汁一起淋在鱼肉上，放进蒸锅中隔水蒸10分钟。❸取出，浇上鸡汤，撒上红椒、葱花即可。

奶汤河鱼

材料 河鱼1条，油豆腐30克，罐装玉米适量

调料 盐、料酒、牛奶、面粉、浓汤、香菜段各适量

做法 ❶河鱼治净，用盐、料酒腌渍片刻；油豆腐洗净；玉米粒入搅拌机中打成糊。❷炒锅加水烧沸，加入面粉、牛奶、玉米煮稠，放入河鱼，加入油豆腐、浓汤、香菜一起炖煮至熟即可出锅。

招财鱼

材料 招财鱼500克，红椒30克

调料 葱、麻油、黄酒、红油、辣椒油、盐、味精、五香粉各适量

做法 ❶将招财鱼洗净，去内脏；红椒、葱洗净切丝。❷将招财鱼从尾部至腮部切成两半，放入烤盘。❸加入红椒丝、麻油、黄酒、红油、辣椒油、盐、味精、五香粉，放入烤箱烤20分钟即可。

豆瓣乌江鱼

材料 乌江鱼1条，豆腐300克

调料 盐、五香粉各4克，胡椒粉6克，姜片、蒜片各10克，豆瓣酱30克，葱段适量

做法 ❶乌江鱼治净，两面剞花刀，抹盐腌入味后放油锅炸熟；豆腐洗净，切块。❷锅放油，烧至六成热时放入豆瓣酱炒香，加入水和所有调味料，大火烧开后下入鱼和豆腐，煮至汤汁黏稠时放入葱段即可。

咸柠檬蒸白水鱼

材料 白水鱼500克，柠檬10克

调料 葱5克，红椒、盐、味精、料酒各适量

做法 ❶白水鱼治净，切成两半；柠檬切片；葱、红椒洗净切末。❷白水鱼用盐和料酒腌制20分钟。❸洗净白水鱼，放入盘中，放入柠檬、葱末、红椒、盐、味精入笼屉蒸熟即可。

糖醋黄鱼

材料 黄鱼600克，红椒丝、白糖各适量

调料 醋、盐、淀粉、料酒、姜丝、蒜蓉各适量

做法 ❶将黄鱼治净，放入沸水中氽熟，取出放入盘中。❷锅中注油烧热，放入蒜蓉爆香，加入白糖、醋及各种调料，烧至微滚时用淀粉勾芡，淋于黄鱼面上即可。

土豆烧鱼

材料 土豆、鲈鱼各200克，红椒1个

调料 盐、味精、胡椒粉、酱油、姜、葱各适量

做法 ❶土豆去皮，洗净切块；鲈鱼治净，切大块，用酱油稍腌；葱切丝，红椒切小块，姜切块。❷将土豆、鱼块炸熟，至土豆炸至紧皮时捞出待用。锅内加油烧热，爆香葱、姜，下入鱼块、土豆和调味料，烧入味即可。

醋椒飘香鱼

材料 福寿鱼2条

调料 醋、姜片、花椒、白胡椒、熟猪油、清汤、料酒、盐各适量

做法 ❶福寿鱼治净，用开水略烫鱼身去腥。❷起油锅，放入姜片、花椒、白胡椒爆香，加入清汤、料酒、盐、醋炒成味汁，过滤出姜、花椒、白胡椒，福寿鱼装盘，淋上味汁，上锅蒸10分钟即可。

竹排川丁鱼

材料 川丁鱼500克，竹笋200克

调料 青红椒、葱、盐、味精、五香粉各适量

做法 ❶川丁鱼洗净去内脏；竹笋洗净切长条；青红椒、葱洗净切末。❷竹笋下水烫熟摆盘；起油锅，放入川丁鱼煎至两面金黄，捞出放在竹笋上。❸热油，放入葱、青红椒，加入盐、味精、五香粉爆香，起锅盖在川丁鱼上即可。

香葱煎鲽鱼

材料 鲽鱼300克

调料 盐3克，白酒、酱油各10克，水淀粉适量，红椒丝、葱丝各少许

做法 ❶鲽鱼治净斩块，抹上盐、白酒、酱油腌渍，用淀粉轻拍鲽鱼表面。❷鲽鱼入油锅略炸1分钟，捞出控油。❸原油锅烧热，放入鲽鱼用小火煎至金黄色，起锅装盘，撒上红椒丝、葱丝即可。

干煎红杉鱼

材料 红杉鱼400克

调料 盐6克，味精3克，胡椒粉2克，料酒10克，红椒粒少许，姜米10克，葱花15克

做法 ❶红杉鱼宰杀洗净，用少许盐、料酒、姜米腌20分钟，平底锅注油烧热，放入腌好的鱼，用小火煎至两面金黄色。❷加入姜米、红椒粒，调入盐、味精、胡椒粉，用小火煎入味，起锅撒上葱花即可。

芹香剥皮鱼

材料 香芹50克，剥皮鱼1条

调料 豆酱20克，盐、蚝油、老抽各5克，胡椒粉、味精各2克，淀粉10克

做法 ❶香芹洗净切粒；剥皮鱼宰杀治净。❷锅中油烧热，放入鱼炸至熟，捞出沥油；香芹放入锅中炒香。❸加入剥皮鱼，调入调味料拌匀再焖至熟，用淀粉勾芡即可。

炖扁口鱼

材料 扁口鱼1条，青椒、红椒、洋葱适量

调料 盐3克，料酒、辣椒面、高汤各适量

做法 ❶青椒、红椒、洋葱洗净切丝；扁口鱼治净，用料酒腌渍。❷油锅烧热，下扁口鱼稍煎，注入高汤烧沸。❸烧开后再下青椒、红椒、洋葱，放盐、辣椒面炖煮至熟即可起锅。

上签鱼摆摆

材料 鱼尾6条，干红椒50克

调料 盐2克，酱油、辣椒油各8克，蒜、葱花少许

做法 ❶鱼尾洗净，用盐、酱油腌至入味；干红椒洗净，剁碎；蒜去皮，切末。锅内注油烧热，放入鱼尾煎至两面金黄，起锅摆盘。❷锅里留油，下干红椒、蒜末炒香，盛在鱼尾上，淋上辣椒油，最后撒上葱花即可。

香辣小龙虾

材料 九江小龙虾600克

调料 鸡精3克，胡椒粉5克，茴香10克，盐4克，老抽9克，蒜、姜各5克

做法

❶龙虾洗净，过沸水1~2分钟后捞出，再入油锅炸2~3分钟，捞出待用；蒜姜洗净切末。

❷锅留少许油，下蒜、姜煸炒香，再下龙虾，加少许水。

❸调入盐、鸡精、胡椒粉、茴香、老抽，用大火焖8分钟即可。

白辣椒炒腊鱼

材料 腊鱼200克，白辣椒150克

调料 盐、料酒、青椒片、姜、葱段各适量

做法 ❶腊鱼肉洗净改切成小块；白辣椒洗净切小片；姜去皮切成丝。❷白辣椒入锅中煮去咸味，捞出洗净，切碎。❸锅上火，加油烧热，下入鱼块，烹入料酒，焖煮2分钟，调入盐，下入白辣椒、青椒、姜、葱段，炒匀即可。

小鱼花生

材料 小鱼干300克，熟花生100克，红椒1个

调料 蒜10克，葱花15克，盐5克，味精3克

做法 ❶小鱼洗净，用水浸泡约2小时，捞出沥干水分；红椒去籽切小丁，蒜去皮洗净剁碎。❷锅中注油烧热，放入小鱼炸至酥，捞出沥油。❸锅中留少许油，放入葱、蒜炒香，再倒入小鱼，调入盐、味精、红椒炒匀，最后加入熟花生米即可。

青椒刁子鱼

材料 腊刁子鱼300克，青、红椒各20克

调料 盐2克，味精3克，酱油10克

做法 ❶腊刁子鱼洗净，切块；青、红椒洗净，切圈。❷油锅烧热，放入鱼块略煎，加入青、红椒翻炒至熟。❸加盐、酱油、味精调味，炒匀后起锅盛盘即可。

酒酿蒸带鱼

材料 带鱼300克，酒糟100克，红椒适量

调料 盐3克，香油10克

做法 ❶带鱼治净，切段，抹上盐腌渍5分钟；红椒洗净，切成小粒。❷带鱼摆盘，铺上酒糟，放入锅中隔水蒸10分钟。❸取出，淋上香油，撒上红椒即可。

彩椒带鱼

材料 带鱼400克，彩椒100克

调料 盐、味精各2克，酱油8克，水淀粉适量

做法 ❶带鱼治净切段，用盐、酱油略腌后裹上水淀粉；彩椒洗净，切丁。❷油锅烧热，下带鱼煎至两面金黄，捞出装盘。❸另起油锅，放入彩椒翻炒至熟，加盐、味精调味，起锅倒在带鱼上即可。

白马江全鱼

材料 鱼500克

调料 盐3克，味精1克，醋10克，酱油12克，葱白丝、红椒丝、香菜段各少许

做法 ❶鱼治净，对剖开，加少许盐、酱油腌渍。❷锅内油烧热，放入鱼翻炒熟，注水，加盐、醋、酱油焖煮。❸煮至汤汁收浓，加入味精调味，起锅装盘，撒上葱白、红椒、香菜即可。

小土豆烧甲鱼

材料 甲鱼500克，小土豆300克，豆角200克

调料 高汤、辣子酱、鸡精、黑胡椒、陈醋、花椒油、老抽、盐各适量

做法 ❶甲鱼治净，入沸水汆去血水；小土豆洗净，炸至金黄色；豆角去老筋，洗净切段。❷起油锅，放入辣子酱，倒入小土豆和豆角翻炒均匀，放入甲鱼，加高汤，放入所有调味料焖熟即可起锅。

阿俊香口鱼

材料 鱼肉500克，泡椒、黄豆各少许

调料 盐3克，味精1克，醋10克，酱油12克，葱末、姜末各少许

做法 ❶鱼肉洗净，切片；黄豆炒熟。❷锅内注油烧热，下鱼片滑炒至变色发白，注水并加入泡椒、黄豆、姜末、葱末焖煮。❸再加入盐、醋、酱油煮至熟，加入味精调味，起锅装碗即可。

土鸡煨鱼头

材料 土鸡500克，鱼头1个，青菜100克，枸杞50克

调料 姜30克，盐6克，料酒10克，鸡精5克

做法 ❶土鸡、鱼头、青菜、枸杞分别洗净，鱼头、土鸡切成大块。❷锅烧热放油，下姜片爆香，放鱼头炸一下。❸将全部原料一起倒入砂锅中，加适量清水，下料酒、盐、鸡精，转小火炖半小时即可。

富贵墨鱼片

材料 墨鱼片150克，西蓝花250克

调料 盐、味精、香油各少许，姜、笋片各5克，干葱花3克

做法 ❶将墨鱼片洗净；西蓝花洗净切成小朵。❷净锅放水烧开，下入西蓝花焯熟，排在碟上。❸把墨鱼片加调味料炒好，放在西蓝花上即可。

飘香鱿鱼花

材料 鱿鱼300克，麻花100克

调料 盐3克，味精1克，生抽、青椒、红椒各少许

做法 ❶鱿鱼洗净，打花刀，切块；麻花掰成条；青椒、红椒洗净，切片。❷锅内油烧热，入鱿鱼炒至将熟，入麻花炒匀。❸再加入青椒、红椒炒至熟，加入盐、生抽、味精调味，起锅装盘即可。

小葱黄花鱼

材料 小葱50克，黄花鱼200克，红椒30克

调料 盐5克，味精3克

做法 ❶小葱洗净，切段；红椒洗净，切圈；黄花鱼去鳞、去腮、去内脏，洗净，加少许盐腌20分钟。❷油锅烧热，放入黄花鱼煎至两面金黄，下入葱段、红椒翻炒。❸至熟后，加入味精炒匀即可。

滑子菇鱼丝

材料 滑子菇300克，鱼肉100克

调料 青椒、红椒各10克，盐、淀粉各3克，酱油2克

做法 ❶滑子菇洗净；鱼肉洗净切丝，用淀粉和盐拌匀腌渍，下油锅滑熟后捞出备用；青椒、红椒分别洗净切条。❷锅中倒油烧热，下入滑子菇炒熟，加酱油炒匀。❸再倒入鱼肉，下入青椒和红椒炒熟即可。

百合西芹木耳炒鱼滑

材料 腰果、水发木耳、鲜百合各50克，西芹20克，红椒10克，鱼滑100克

调料 盐3克，鸡精1克

做法 ❶腰果、百合、鱼滑分别洗净沥干；木耳撕成块；西芹洗净切块；红椒洗净切段。❷锅中倒油烧热，下入腰果炸熟，再倒入其余原料炒熟。❸加盐和鸡精调好味，即可出锅。

川香辣鲈鱼

材料 鲈鱼300克，上海青35克

调料 红辣椒末、盐、白芝麻、蒜蓉、红油各适量

做法 ❶鲜鲈鱼洗净，取净肉切成片，用盐腌渍；白芝麻洗净沥干。❷鱼肉汆熟，捞出沥干，备用；上海青洗净，入沸盐水中烫熟备用。❸锅中倒油加热，下入红辣椒、白芝麻、葱、蒜炒香，倒入红油加热，出锅淋在鱼肉上，以上海青围边即可。

松仁玉米炒鱼肉

材料 松子仁、豌豆、罐装玉米粒、鲈鱼肉各200克，胡萝卜100克

调料 盐3克，料酒、淀粉各适量

做法 ❶鱼肉剁碎，加料酒、盐、淀粉上浆；胡萝卜切丁。❷鱼肉入油锅划散至成型，出锅沥油。❸另起油锅，入豌豆、胡萝卜粒、玉米粒，鱼肉回锅，加入松子仁、水、盐，翻炒均匀后，装盘。

四方炒鱼丁

材料 红腰豆、白果各200克，鲈鱼肉、豌豆各300克

调料 蒜蓉15克，盐3克，味精1克

做法 ❶鱼肉洗净，切成丁；红腰豆、白果、豌豆洗净，入沸水锅焯烫后捞出。❷锅倒油烧热，倒入鱼肉过油后捞出沥干；另起油锅烧热，倒入豌豆、红腰豆、白果、蒜瓣翻炒，鱼肉回锅继续翻炒至熟。❸加入糖、盐、味精炒匀，起锅即可。

香辣火焙鱼

材料 银鱼干500克

调料 豆瓣酱15克，淀粉10克

做法 ❶银鱼干洗净，均匀蘸上淀粉。❷锅倒油烧热，放入银鱼干炸至金黄色，捞出。❸锅中油烧热，倒入豆瓣酱炒至出红油后，再下入银鱼干炒匀，起锅即可。

鲜椒鱼柳

材料 鲈鱼400克

调料 盐、酱油、葱、香菜、鲜花椒、红辣椒适量

做法 ❶葱、香菜、红辣椒分别洗净切碎；花椒洗净沥干；鲈鱼去鳞、去腮、去内脏，洗净，取鱼肉切条，抹盐腌渍。❷锅中倒油加热，下入鱼肉煎熟，加入盐和酱油调味，倒入花椒、红辣椒炒出香味。❸撒上葱和香菜，即可出锅。

豆豉鲮鱼小白菜

材料 小白菜500克，罐头豆豉鲮鱼300克

调料 红椒5克，葱、姜各3克，蒜10克，鸡精1克

做法 ❶小白菜洗净切成段；葱、姜洗净切碎；红椒洗净切条；蒜去皮，洗净。❷炒锅倒油烧热，下葱、姜、蒜瓣炒香，加入小白菜、豆豉鲮鱼翻炒。❸倒入红椒炒匀，调入鸡精入味即可。

鸡蛋鲮鱼炒尖椒

材料 鸡蛋300克，豆豉鲮鱼罐头350克，尖椒30克

调料 盐、黑胡椒粉各3克

做法 ① 鸡蛋打散；尖椒洗净切圈。② 锅倒油烧热，倒入鸡蛋液翻炒，加入豆豉鲮鱼、尖椒翻炒。③ 调入盐、黑胡椒粉炒匀即可。

方鱼炒芥蓝

材料 方鱼200克，芥蓝300克

调料 蒜末、盐各3克，糖2克

做法 ① 方鱼洗净，取鱼肉剪成小块，放热油中炸至金黄色，捞出待用。② 芥蓝取梗洗净切片，放入滚水中焯软，沥干待用。③ 锅中倒油烧热，下入蒜末爆香，加入芥蓝，加入方鱼炒匀即可。

爆炒黑鱼片

材料 黑鱼100克，青椒、红椒各5克

调料 盐3克，味精1克，料酒5克，糖3克

做法 ① 将黑鱼剖肚去内脏，去骨洗净切薄片，入沸水锅略烫后捞出；青椒、红椒洗净切块。② 锅倒油烧至五成热，投入鱼片、青椒、红椒快炒。③ 调入料酒、盐、糖，快速炒匀即可。

宫保鲟鱼

材料 鲟鱼200克，黄瓜50克，熟花生100克

调料 干红辣椒末、淀粉、盐、酱油、醋各适量

做法 ① 鲟鱼洗净切块；黄瓜洗净切丁。② 鲟鱼用盐、淀粉上浆拌匀，锅倒油烧热，倒入鲟鱼炸至金黄色捞出。③ 另起锅倒油烧热，下干红辣椒炒香，倒入黄瓜、炸熟花生，鲟鱼回锅爆炒。④ 调入剩余调味料炒匀即可。

宁式鳝丝

材料 鳝鱼300克，熟笋丝100克，韭芽白50克

调料 盐4克，料酒、酱油、胡椒粉、白汤、水淀粉各25克，白糖2克，葱段少许，熟菜油75克，姜丝5克

做法

❶ 鳝鱼用沸水汆至嘴张开，略晾，用硬竹片划折去脊骨；韭芽白洗净。

❷ 将鳝鱼切成5厘米长的段；韭芽切成略短的段；炒锅置中火上，下菜油烧至八成热，投入葱白段煸出香味，下鳝段、姜丝煸炒，烹上料酒，加盖稍焖。

❸ 加入酱油、白糖翻炒，放入笋丝和白汤稍烧，加入韭芽白、葱段、盐炒匀，用水淀粉勾芡，颠锅盛入盘中，撒上胡椒粉即可。

小鱼干炒茄丝

材料 小鱼干300克，茄子200克，青椒、红椒各30克

调料 盐、陈醋各2克，酱油3克

做法 ❶ 小鱼干洗净沥干；茄子洗净切丝；青椒、红椒分别洗净切丝。❷ 锅中倒油烧热，下入小鱼干稍炸，加入茄子、青椒和红椒一同炒熟。❸ 下入调味料炒至入味即可。

香芹炒鳗鱼干

材料 鳗鱼干、香芹各300克

调料 红椒20克，老抽5克，盐3克，鸡精1克

做法 ❶ 鳗鱼干泡发洗净，切成小段；红椒洗净，切丝；香芹洗净，去叶切段。❷ 锅倒油烧热，倒入鳗鱼干稍微过下热油，放入香芹段、红椒丝翻炒。❸ 加入老抽、盐、鸡精，炒至熟后出锅即可。

西芹腰果银鳕鱼

材料 银鳕鱼300克，西芹段、熟腰果、胡萝卜片各适量

调料 淀粉15克，料酒10克，味精、胡椒粉、盐各4克

做法 ❶ 银鳕鱼去鳞、去腮、去内脏，洗净，切丁；用小碗加味精、胡椒粉、水淀粉调制成芡汁。❷ 油锅烧热，下入鱼丁，放西芹、熟腰果、胡萝卜煸炒，烹盐、料酒，淋入兑好的芡汁，翻炒均匀即可。

蒜苗咸肉炒鳕鱼

材料 蒜苗、咸五花肉300克，鳕鱼、胡萝卜200克

调料 盐3克，鸡精1克，淀粉6克

做法 ❶ 鳕鱼治净，切成段；用盐、鸡精、淀粉腌渍5分钟入味；咸肉洗净切块，入沸水中余5分钟；蒜苗洗净，切成段。❷ 锅倒油烧热，放入鳕鱼、咸肉煸炒至出油，放入蒜苗、胡萝卜煸炒至熟。❸ 加入鸡精调味，翻炒均匀即可。

芥蓝XO酱炒鳕鱼

材料 芥蓝150克，鳕鱼150克

调料 盐4克，味精2克，淀粉5克，XO酱适量

做法 ❶ 芥蓝择洗干净切段，放入沸水中焯一下，捞出沥水备用。❷ 鳕鱼去鳞、去腮、去内脏，洗净切块，用淀粉、盐、味精稍腌后放入煎锅中煎熟。❸ 炒锅上火，油烧热，放入芥蓝、鳕鱼，调入盐、味精、XO酱炒熟入味即成。

豉香沙丁鱼

材料 沙丁鱼200克，豆豉50克，红椒20克

调料 料酒15克，盐、味精各3克

做法 ❶ 沙丁鱼去鳞、去腮、去内脏，洗净，抹上料酒，再下入油锅中炸至两面呈金黄色，盛出；红椒洗净，切丝。❷ 油锅烧热，下入豆豉、红椒爆香，再放入沙丁鱼翻炒。❸ 出锅时调入盐、味精炒匀即可。

韭菜鸡蛋炒银鱼

材料 韭菜300克，鸡蛋10克，银鱼50克

调料 盐3克，香油少许

做法 ❶ 韭菜洗净切段，鸡蛋打散，银鱼洗净沥干。❷ 锅中倒油烧热，下入鸡蛋煎至凝固，铲碎后加入韭菜和银鱼。❸ 翻炒均匀，加盐调味，出锅后淋上香油即可。

银鱼虎皮杭椒

材料 银鱼干、红椒各100克，杭椒300克，猪肉50克

调料 盐3克，鸡精1克

做法 ❶ 银鱼干洗净；红椒洗净切条；杭椒切去头尾，洗净；猪肉洗净切小块。❷ 炒锅烧热，下入杭椒煸炒至表皮呈虎皮状，再倒少许油，下银鱼炒至酥脆。❸ 下猪肉和红椒炒熟，加盐和鸡精炒匀调味，即可出锅。

干贝炒鱼肚

材料 干贝300克，鱼肚350克

调料 干辣椒10克，盐3克

做法 ❶干贝泡发洗净，撕成细丝；鱼肚洗净，汆水捞出沥干；干辣椒洗净，切碎。❷锅倒油烧热，倒入干贝、鱼肚炸至金黄色盛盘。❸锅倒油烧热，下干辣椒炒香，再将干贝、鱼肚回锅炒匀即可。

椒盐鱼下巴

材料 鱼下巴300克

调料 盐、椒盐各2克，红椒、青椒各20克，酱油适量

做法 ❶将鱼下巴洗净，切块；红椒、青椒洗净，切丝。❷锅中油烧热，放入鱼下巴，炸至六成熟，捞起。❸另起锅，下入红椒、青椒爆香，放入鱼下巴，调入盐、椒盐、酱油，炒熟即可。

泡椒耗儿鱼

材料 耗儿鱼400克，泡椒50克

调料 盐3克，味精1克，醋8克，酱油20克，料酒12克，蒜苗、葱各少许

做法 ❶耗儿鱼治净，切段；蒜苗切段；葱切花。❷锅内注油烧热，放入耗儿鱼翻炒至快熟时，加入泡椒、蒜苗炒匀。❸加入盐、醋、酱油、料酒炒至汤汁收浓，入味精调味，撒葱花，起锅装盘即可。

桂花炒鱼肚

材料 水发鱼肚250克，鸡蛋4个，胡萝卜、芹菜各50克，绿豆芽100克

调料 盐3克，桂花酱适量

做法 ❶将水发鱼肚切条；鸡蛋洗净，去蛋黄，打匀；胡萝卜切丝；芹菜切段。❷锅中油烧热，放入鱼肚、胡萝卜、芹菜、绿豆芽，翻炒。❸再调入盐、桂花酱炒匀，最后倒入蛋液，炒碎，即可。

飞红脆椒鱼子

材料 鱼子300克，鱼鳔100克，熟白芝麻40克

调料 大葱20克，干辣椒10克，盐3克，红油5克

做法 ❶鱼子、鱼鳔分别洗净；大葱、干辣椒分别洗净切段。❷锅中倒油烧热，下入干辣椒炒香，再倒入鱼鳔炒至七成熟，再加入鱼子炒至全熟。❸下盐和红油炒至入味，下入大葱和白芝麻炒匀即可。

合川鱼子

材料 鱼子250克，干香菇、豌豆各50克

调料 盐2克，酱油适量，葱、红椒各20克

做法 ❶将鱼子洗净；干香菇洗净，泡发至软，切丁；青豆洗净；葱洗净，切碎；红椒洗净，切丁。❷锅中油烧热，放入香菇、青豆、红椒爆香，再放入鱼子翻炒。❸最后调入盐、酱油，炒熟，撒上葱花即可。

白辣椒炒鱼子

材料 鱼子300克，白辣椒50克

调料 葱白、青椒、红椒各10克，蚝油3克，盐、红油各2克

做法 ❶鱼子洗净沥干；白辣椒去蒂洗净；葱白、青椒、红椒切段。❷白辣椒、青椒、红椒和葱白炒香，下鱼子炒熟，加盐、蚝油和红油调味。❸炒入味后先将辣椒出锅摆盘，再将鱼子倒在辣椒上。

干椒明太鱼

材料 干辣椒35克，明太鱼300克

调料 盐4克，酱油、红油、葱白、红椒各10克

做法 ❶干辣椒洗净，切成小片；葱白、红椒洗净，切丝；明太鱼洗净，切块。❷油烧至六成热，放入干辣椒炒香，下明太鱼炸至颜色微变。❸放入盐、酱油、红油、葱白、红椒，翻炒均匀即可。

泡椒基围虾

材料 基围虾250克，泡椒150克，香芹10克

调料 姜、盐各5克，味精、鸡精各3克，料酒10克，咖啡糖适量

做法

1 基围虾先过沸水；泡椒洗净去蒂；香芹洗净切菱形片；姜洗净切片。

2 锅放少许油，下入姜、香芹、泡椒、基围虾翻炒。

3 调入盐、味精、鸡精、料酒和咖啡糖，翻炒2分钟即可。

辣炒明太鱼

材料 明太鱼400克，干辣椒30克

调料 盐3克，酱油10克，醋、蒜、蒜苗适量

做法 ❶明太鱼去鳞、去腮、去内脏，洗净切块；干辣椒洗净切丝；蒜、蒜苗洗净，切片。❷锅内注油烧热，下蒜炒香，放入明太鱼块炒至变色，加入干辣椒、蒜、蒜苗炒匀。❸再加入盐、醋、酱油炒至熟，起锅装盘即可。

银杏鱼珠

材料 银杏、鱼丸、珍珠、豌豆各100克

调料 盐3克，味精1克，醋8克，生抽10克，红椒少许

做法 ❶银杏去壳，洗净；豌豆洗净，下入沸水中焯去异味，捞出；红椒洗净，切小片。❷锅内注油烧热，放入银杏、鱼丸翻炒至变色后，加入珍珠、豌豆、红椒炒匀。❸再加入盐、醋、生抽炒至熟后，加入味精调味，起锅装盘即可。

鱼米之乡

材料 鱼肉、红豆、玉米、黄瓜各适量

调料 盐、味精各3克，香油10克

做法 ❶红豆泡发洗净，煮熟后捞出；玉米粒洗净；黄瓜去皮洗净，切丁；鱼肉洗净，切碎粒。❷油锅烧热，下鱼肉炒至八成熟，再入红豆、玉米、黄瓜同炒。❸调入盐、味精炒匀，淋入香油即可。

江南鱼末

材料 鱼肉200克，松仁、玉米、豌豆、胡萝卜丁各50克，黄瓜、红椒各适量

调料 盐、味精各3克，料酒10克

做法 ❶黄瓜、红椒切片摆盘；鱼肉切碎末。❷油锅烧热，下鱼末滑熟，再入胡萝卜、松仁、玉米、豌豆同炒片刻。❸调入盐、味精、料酒炒匀，起锅装入摆有黄瓜的盘中即可。

中山芥蓝爆鱼饼片

材料 芥蓝200克，鱼肉100克，黄、红椒块适量

调料 盐3克，味精2克，料酒、水淀粉各适量

做法 ❶芥蓝洗净取梗，切斜段；鱼肉去鳞、去腮、去内脏，洗净切块，用料酒、盐腌渍，入味后匀裹上水淀粉。❷油锅烧热，放入鱼块炸至金黄色，捞出。❸余油烧热，倒入芥蓝梗，放黄椒、红椒炒至断生，倒入鱼块，加盐、味精炒匀即可。

鲜百合嫩鱼丁

材料 鱼肉400克，百合、银杏、西芹各适量

调料 盐3克，味精1克，醋8克，料酒12克，红椒少许

做法 ❶鱼肉洗净，切丁；百合洗净；银杏去壳，洗净；西芹洗净，切块；红椒洗净，切片。❷锅内注水烧沸后，分别放入百合、银杏、西芹、红椒、鱼丁煮熟后，捞起沥干装盘。❸再向盘中加入盐、味精、醋、料酒拌匀，即可食用。

鲜熘乌鱼片

材料 乌鱼350克，黄瓜、姜片、口蘑、红椒片、葱段各适量

调料 盐、味精各3克，料酒、香油、水淀粉各10克

做法 ❶乌鱼治净切片，加盐、料酒腌渍，再以水淀粉上浆；黄瓜、口蘑切片。❷油锅烧热，下姜片、葱段炒香，入鱼片滑熟，放入黄瓜、口蘑、红椒同炒片刻。❸调入味精炒匀，淋入香油即可。

香辣鱼排

材料 鱼肉600克，芝麻少许

调料 盐3克，味精1克，醋7克，酱油20克，葱、红椒各少许

做法 ❶鱼肉洗净，切片；红椒洗净，切丝；葱洗净，切段。❷锅内注油烧热，放入鱼片煎至变色后，加入盐、醋、酱油炒匀入味。❸再加入葱、芝麻、红椒炒至熟，加入味精调味，起锅装盘即可。

尖椒咸鱼

材料 尖椒、咸鱼各150克

调料 味精3克，酱油、香油各10克

做法 ❶尖椒洗净，对切成两半；咸鱼洗净，切条。❷油锅烧热，下咸鱼煸炒，再入尖椒同炒片刻。❸调入味精、酱油炒匀，淋入香油即可。

特色鱼丸

材料 鱼肉、虾仁、蟹柳、芦笋、胡萝卜片各适量

调料 盐、辣椒面各3克，料酒10克

做法 ❶鱼肉洗净，剁碎，加盐、辣椒面、料酒拌匀，挤成鱼丸；虾仁洗净；芦笋去皮洗净，切片；蟹柳洗净，切斜段。❷锅内加水烧开，放入鱼丸、虾仁、蟹柳、芦笋、胡萝卜同煮至熟。❸出锅时淋入熟油即可。

豆豉炒咸鱼

材料 咸鱼400克，豆豉适量

调料 盐适量，味精1克，醋8克，酱油15克，葱、红椒各少许

做法 ❶咸鱼洗净，切去头、尾；葱洗净，切花；红椒洗净，切丁。❷锅内注油烧热，放入咸鱼煎至变色，放入豆豉、红椒炒匀。❸炒至熟后，加入盐、醋、酱油、味精调味，撒上葱花，起锅装盘即可。

功夫活鱼

材料 鱼600克，豆腐100克，黄豆芽、紫苏、香葱、剁椒各适量

调料 盐3克，味精1克，醋8克，生抽、料酒各少许

做法 ❶鱼治净，加盐、料酒腌渍；豆腐切块；紫苏、葱切段。❷将鱼稍煎，注入适量水烧开，再入豆腐、豆芽、紫苏、剁椒一起焖煮。❸煮至熟后，加入盐、醋、生抽、味精调味，撒上葱段即可。

清蒸江团

材料 江团400克

调料 盐、味精、辣椒面各3克，料酒、酱油各10克，红椒、葱丝、姜丝各适量

做法 ❶江团治净，加盐、料酒腌渍；红椒洗净，切丝。❷将江团放入盘内，放上红椒、葱丝、姜丝，入笼蒸30分钟取出。❸油锅烧热，加清汤烧沸，调入味精、辣椒面、酱油，浇在鱼上即可。

宜宾活水鱼

材料 鱼肉400克，泡椒、芹菜各适量

调料 盐3克，味精1克，醋8克，酱油15克，葱、香菜各少许

做法 ❶鱼肉洗净切块；芹菜、葱、香菜洗净，切段。❷锅内注油烧热，放入鱼块稍滑炒，注水焖煮至快熟时加入泡椒、芹菜。❸煮至熟后，加入盐、醋、酱油入味，以味精调味，撒上葱、香菜即可。

川江号子鱼

材料 胖头鱼500克

调料 盐3克，味精1克，醋8克，酱油15克，青椒、红椒各少许

做法 ❶胖头鱼治净，切片；青椒、红椒洗净，切圈。❷锅内注油烧热，放入胖头鱼滑炒，注水，并加入盐、醋、酱油焖煮。❸放入青椒、红椒煮至熟后，加入味精调味，起锅装盘即可。

白马江全鱼

材料 鱼500克

调料 盐3克，味精1克，醋10克，酱油12克，葱白、红椒、香菜各少许

做法 ❶鱼治净，对剖开，再加少许盐、酱油腌渍入味；葱白、红椒切丝。❷鱼入油锅翻炒熟，注水，加盐、醋、酱油焖煮。❸煮至汤汁收浓，加味精调味，起锅装盘，撒上葱白、红椒、香菜即可。

剁椒鱼尾

材料 鱼尾1条，剁辣椒35克

调料 盐、味精各3克，葱、生抽、料酒、香油各10克

做法 ❶鱼尾洗净，对半剖开，用盐、味精抹在鱼尾表面；葱洗净，切碎。❷将鱼尾装入盘中，淋上料酒，放上剁辣椒；将盐、味精、生抽调匀，淋在鱼尾上，放入锅中蒸15分钟。❸待鱼尾熟透，撒上葱花，淋入香油，再蒸2分钟，出锅即可。

老碗鱼

材料 鱼600克，花椒、熟芝麻各少许，干红椒适量

调料 盐3克，味精1克，醋10克，酱油12克

做法 ❶鱼去鳞、去腮、去内脏，洗净；花椒洗净；干红椒洗净，切圈。❷锅内注水烧沸，放入鱼煮至汤沸时，放入花椒、红椒一起焖煮。❸煮至熟后，加入盐、醋、酱油入味，味精调味，起锅装碗，撒上熟芝麻即可。

麒麟福寿鱼

材料 福寿鱼1条，冬瓜片、火腿片、香菇各适量

调料 盐3克，料酒、辣椒面、香油、青椒丝、红椒丝、葱白丝各适量

做法 ❶香菇去蒂；福寿鱼治净，剖开后用盐、料酒、辣椒面腌渍。❷福寿鱼平铺盘上，将冬瓜片、火腿片、香菇码好，撒上青椒丝、红椒丝、葱白丝，均匀撒上盐、辣椒面、香油。❸入蒸屉蒸熟。

坛子菜煮鲢鱼

材料 鲢鱼1条，坛子菜100克，青、红椒各少许

调料 盐3克，蒜、葱、料酒、高汤各适量

做法 ❶青、红椒切丝；蒜切片；坛子菜切碎；葱切花；鲢鱼治净，在两侧划刀口。❷油锅烧热，放入鲢鱼煎至金黄色，烹入料酒，注入高汤焖煮10分钟。❸放入坛子菜、青椒、红椒、蒜片，加盐煮至入味后放入葱花即可起锅。

水煮财鱼

材料 财鱼350克，水发木耳、红椒片、蒜苗各适量

调料 盐3克，料酒、辣椒酱、红油各10克

做法 ❶财鱼去鳞、去腮、去内脏，洗净，切块；木耳洗净，撕成片；蒜苗洗净，切段。❷油锅烧热，放入鱼块稍炒，再放入木耳、红椒、蒜苗同炒片刻，注入水烧开，煮熟。❸调入盐、料酒、辣椒酱拌匀，淋入红油即可。

鸿运鳜鱼

材料 鳜鱼1条，上海青100克，红椒100克

调料 盐3克，味精2克，料酒、辣椒面各适量

做法 ❶上海青洗净；红椒洗净切丁。❷鳜鱼去鳞、去腮、去内脏，洗净后剁下鱼头、鱼尾，片下鱼肉，用料酒、盐、辣椒面腌渍入味后卷成鱼肉卷。❸将上海青铺于盘底，将鱼头、鱼尾和鱼肉卷码好，放上红椒，撒上盐、味精，入锅蒸熟即可。

氽花鲢

材料 鲢鱼500克

调料 盐、味精各3克，酱油、料酒各10克，甜面酱、姜末、蒜末、葱花、花椒、干红椒各适量

做法 ❶鲢鱼治净，打上花刀，加料酒、盐腌渍。❷油锅烧热，炒香干红椒、姜末、蒜末、花椒、甜面酱，注水烧开，入鱼同煮至熟。❸调入味精、酱油拌匀，撒上葱花，淋香油即可。

氽花鲢泡饼

材料 花鲢1条，面饼200克

调料 盐3克，味精2克，酱油、花椒、干辣椒、料酒各适量

做法 ❶干辣椒切段；花鲢去鳞、去腮、去内脏，洗净后剖开，肉切开不切断，用料酒、盐腌渍3分钟。❷锅置火上，注入清水，放入鱼，加盐、花椒、干辣椒、酱油，煮熟后盛盘。❸用面饼饰边即可。

干煸牛蛙

材料 牛蛙肉500克

调料 盐4克，豆瓣50克，大蒜6克，麻辣油、花椒油各10克，干椒50克，姜9克，葱10克

做法

❶ 干椒、姜、葱洗净，将干椒切段，姜去皮切片，葱切段。

❷ 将牛蛙洗净切件，入油锅炸干备用；油锅烧热，将干椒、姜片、葱段、大蒜、豆瓣炒香。

❸ 放入牛蛙，调入盐，浇上麻辣油、花椒油，炒匀入味即可。

松子鱼

材料 鳜鱼600克，松子少许

调料 盐3克，醋12克，酱油15克，红糖20克，淀粉15克

做法 ❶鳜鱼去鳞、去腮、去内脏，洗净，切成十字花刀，再均匀拍上干淀粉，下入油锅中炸至金黄色，捞出沥油。❷松子洗净，入油锅中炸熟，盛在鱼身上。❸锅内注油烧热，放入盐、醋、酱油、红糖煮至汤汁收浓，起锅浇在鱼身上即可。

冬菜蒸鲈鱼

材料 鲈鱼500克，冬菜50克

调料 盐3克，味精1克，醋10克，酱油12克，红椒、葱各适量

做法 ❶鲈鱼治净，切片；冬菜洗净，切碎；红椒、葱洗净，切圈。❷将鲈鱼装入盘中，盐、味精、醋、酱油调成汁，浇在上面。❸再放上冬菜，放入蒸锅中蒸20分钟，撒上红椒、葱，取出即可。

酱醋鲈鱼

材料 鲈鱼适量

调料 醋、酱油、盐、姜片、料酒、水淀粉、干辣椒、八角、淀粉、香菜各适量

做法 ❶鲈鱼治净，在鱼背上斜切几刀，用盐、酱油腌渍。❷干辣椒、八角入油锅炒出香味，入鲈鱼，加盐、酱油、醋、料酒、姜片翻炒，加适量高汤煮，大火收汁，以水淀粉勾芡，撒上香菜即可。

西汁鲈鱼

材料 鲈鱼1条

调料 盐3克，味精2克，料酒、番茄酱、辣椒面各适量

做法 ❶鲈鱼去鳞、去腮、去内脏，洗净，由腹部开边，用盐、料酒、辣椒面腌渍。❷油锅烧热，放入鲈鱼煎至两面金黄色，捞出沥油。❸锅中加入适量清水烧开，放入番茄酱、味精焖煮焖煮10分钟，再下入鱼煮熟即可。

家常刀鱼

材料 刀鱼500克

调料 盐3克，酱油20克，糖、醋、胡萝卜、葱白、香菜各少许

做法 ❶刀鱼治净切块，两面横切几刀；葱白、胡萝卜切丝。❷锅内注油烧热，放入刀鱼稍滑炒后，注水焖煮至熟，加入盐、醋、酱油、糖焖煮。❸至汤汁收浓，撒上香菜、葱白、胡萝卜即可。

清蒸石斑鱼

材料 石斑鱼350克

调料 盐、辣椒面各3克，料酒、酱油各10克，红椒、葱丝、姜丝、香菜段各适量

做法 ❶石斑鱼治净，加盐、料酒腌渍；红椒切丝。❷将石斑鱼放入盘内，放上红椒、葱丝、姜丝，入笼蒸熟后取出。❸油锅烧热，加清汤烧沸，调入辣椒面、酱油，浇在鱼上，撒上香菜即可。

腊八豆蒸黄骨鱼

材料 腊八豆200克，黄骨鱼300克

调料 盐、味精、醋、酱油、红椒、葱各适量

做法 ❶黄骨鱼治净，摆于盘中备用；腊八豆洗净；红椒洗净，切丁；葱洗净，切花。❷将腊八豆装入碗中，加入盐、味精、醋、酱油拌匀，再倒入摆有黄骨鱼的盘中。❸撒上红椒、葱花，放入蒸锅中蒸30分钟，取出即可食用。

水煮黄骨鱼

材料 黄骨鱼400克

调料 盐、味精、豆瓣酱、葱、干红椒、红油各适量

做法 ❶干红椒切段，葱洗净切段，黄骨鱼去鳞、去腮、去内脏，洗净。❷油锅烧热，入黄骨鱼煎至金黄色，捞出沥油。❸余油烧热，将豆瓣炒香后烹入料酒，加水煮沸后入黄骨鱼，加盐、味精、干红椒，煨至汤浓，撒上葱段，淋上红油即可。

口味水鱼

材料 水鱼1只，辣椒、火腿各30克
调料 盐、紫苏、红油、豆瓣、姜片、蒜各4克
做法
①水鱼宰杀洗净，斩块；火腿、辣椒洗净切块。

②将水鱼块下入沸水中汆水，捞出入三成油温中稍炸，捞出沥油待用。
③将姜、蒜爆香，下入豆瓣、水鱼块，煸干水分，下入紫苏、大蒜、水及调味料烧至入味即可。

辣子福寿螺

材料 福寿螺450克
调料 姜、蒜各15克，豆瓣酱10克，干红椒50克，葱30克，老抽、料酒各25克，红油45克，盐5克，味精5克
做法
①福寿螺洗去泥沙后，用钳子将每只螺的顶尖处夹破，放入盐水中汆一下；干红椒、葱洗净切段；蒜、姜洗净切丝。
②油锅烧热，把姜、蒜、豆瓣酱、干红椒、葱加入锅中炒香后，放入福寿螺加水稍煮片刻，调入老抽、料酒、红油、盐、味精稍焖，即可出锅。

南非干鲍

材料 干鲍鱼1只，西蓝花、香菇各适量
调料 鲍汁适量
做法 ❶ 干鲍鱼泡发洗净；西蓝花洗净，切小朵；香菇洗净。❷ 净锅上火，倒入鲍汁，放入干鲍鱼、西蓝花、香菇一起焖烧至熟后，捞出摆盘，淋上鲍汁即可。

鲍仔五花肉

材料 鲍仔250克，五花肉300克，汤圆适量
调料 盐3克，鲜汤、酱油各适量
做法 ❶ 鲍仔洗净；五花肉洗净，切块；汤圆入沸水锅中煮熟后，捞出摆盘。❷ 起油锅，入五花肉、鲍仔炒至五成熟后，注入鲜汤，加盐、酱油调味，烧至熟透后，摆盘，淋上汤汁即可。

白灵菇扒鲍脯

材料 鲍脯250克，上海青150克，白灵菇100克
调料 盐、鸡精各2克，酱油、水淀粉各适量
做法 ❶ 鲍脯洗净；上海青洗净；白灵菇洗净，切片，入沸水中焯熟后，摆在盘中间。❷ 锅下油烧热，入鲍脯翻炒片刻，加盐、鸡精、酱油调味，稍微加点水烧至熟透，用水淀粉勾芡，装盘。❸ 锅入水烧开，入上海青焯熟后，摆盘即可。

干烧鲜鲍仔

材料 鲍鱼1只，白萝卜、胡萝卜、豌豆、红椒各适量
调料 盐、酱油、胡椒粉、料酒、高汤各适量
做法 ❶ 鲍鱼洗刷干净，下沸水中氽烫，加入料酒去腥，捞起沥水；白萝卜、胡萝卜、豌豆、红椒洗净，切丁。❷ 油锅烧热，下白萝卜、胡萝卜、豌豆、红椒炒至断生，调入盐、酱油、胡椒粉炒匀。❸ 锅中倒入高汤，放入鲍鱼焖至入味。

烧鲶鱼

材料 鲶鱼400克

调料 盐、味精各3克，料酒、蚝油、酱油各10克，青、红椒各适量

做法 ❶鲶鱼去鳞、去腮、去内脏，洗净，切段；青、红椒均洗净，切片。❷油锅烧热，下鲶鱼稍煎，下青、红椒炒片刻，加水烧开。❸待鱼烧熟，调入盐、味精、料酒、蚝油、酱油，收汁即可。

香菇烧平鱼

材料 平鱼3条，香菇适量

调料 盐3克，味精2克，白酒、生抽、醋、糖各适量

做法 ❶香菇洗净；平鱼去鳞、去腮、去内脏，洗净，两侧划刀口，用盐、料酒腌渍片刻。❷油锅烧热，放入平鱼两面煎至金黄色，加入白酒、醋、生抽，倒入少量水烧沸。❸放入香菇，加盐、味精、香油，盖上锅盖焖至汤汁收浓便可。

干烧武昌鱼

材料 武昌鱼1条

调料 盐、味精、白糖、料酒、酱油、水淀粉、红椒段各适量

做法 ❶武昌鱼治净，打十字花刀。❷鱼煎至两面金黄，放入红椒，加料酒、酱油、盐和清水烧开，至汤汁浓稠，将鱼起锅盛入盘内。❸将原汁烧开，下味精、白糖，用水淀粉勾芡，浇在鱼上即可。

干烧平鱼

材料 平鱼250克

调料 料酒、辣椒、姜丝、豆瓣酱、料酒、白糖各10克，盐、淀粉各3克

做法 ❶平鱼打花刀，用料酒、盐腌渍。❷油烧至六成热，下鱼煎至两面金黄，捞出；油锅烧热，放辣椒、姜丝炒香。入豆瓣酱、清水、料酒、白糖，放入平鱼，转小火将汤汁收浓，以淀粉勾芡即可。

青红椒炒虾仁

材料 虾仁200克，青椒100克，红椒100克，鸡蛋1个
调料 味精2克，盐3克，胡椒粉5克，淀粉10克
做法

① 青、红椒洗净，切丁备用；鸡蛋打散，搅拌成蛋液。

② 虾仁洗净，放入鸡蛋液、淀粉、盐码味后过油，捞起待用。

③ 锅内留少许油，下青、红椒炒香，再放入虾仁翻炒入味，起锅前放入胡椒粉、味精、盐调味即可。

竹笋烧平鱼

材料 平鱼3条，竹笋30克

调料 盐3克，味精1克，醋8克，酱油15克，红油少许

做法 ❶平鱼去鳞、去腮、去内脏，洗净，两面均横切几刀；竹笋洗净，切成大小一致的小丁。❷锅内加油烧热，放入平鱼煎至变色，注少量水烧开，并加入盐、醋、酱油、红油炒匀。❸加入笋丁炒至熟，加入味精调味，起锅装盘即可。

蒜烧平鱼

材料 平鱼3条，蒜20克

调料 盐2克，味精2克，大葱、酱油、料酒适量

做法 ❶蒜洗净切片；大葱洗净切段；平鱼去鳞、去腮、去内脏，洗净，两面划刀，用料酒、盐腌渍片刻。❷油锅烧热，入平鱼煎至金黄色后捞出。❸余油烧热，下蒜、大葱，加盐炒香后放平鱼，倒入酱油，加适量水焖5分钟，出锅前放入味精即可。

红烧平鱼

材料 平鱼500克

调料 盐、味精、醋、淀粉、酱油、糖、料酒各适量

做法 ❶平鱼去鳞、去腮、去内脏，洗净，加盐、酱油、料酒腌渍10分钟至入味。❷锅内注油烧热，放入平鱼煎至快熟时，加入盐、醋、酱油炒匀。❸注水并加入糖至熟后，加入味精调味，用淀粉勾芡后起锅装盘即可。

醋焖多宝鱼

材料 多宝鱼300克

调料 盐3克，料酒10克，陈醋、葱花各15克

做法 ❶多宝鱼去鳞、去腮、去内脏，洗净，在鱼身上打上花刀，加盐、料酒腌渍10分钟。❷油锅烧热，放入多宝鱼煎至两面金黄，注入少量清水烧开。❸倒入陈醋焖煮至汤汁浓稠，撒上葱花即可。

红烧左口鱼

材料 左口鱼1条

调料 盐3克，味精2克，葱、酱油、料酒、淀粉适量

做法 ①葱洗净后切花；鱼去鳞、去腮、去内脏，洗净后在鱼身两面等距离处划刀口，抹上盐、料酒腌渍30分钟。②油锅烧热，放入鱼炸至微黄色，注入清水，加酱油、盐烧熟后将鱼捞出装盘，撒上葱花。③勾芡，盛入鱼盘中即成。

花椒泥鳅

材料 泥鳅450克，干辣椒20克

调料 盐2克，淀粉、酱油、香油、鸡精各适量

做法 ①泥鳅入清水中吐尽泥沙，洗净，用盐腌渍后裹上一层淀粉；干辣椒洗净切段。②起油锅，入泥鳅炸至焦黄，捞出沥油；锅里留油，下干辣椒煸香后倒入泥鳅，加水烧开。③小火焖至汁干，调入酱油、香油、鸡精，装盘即可。

嘎巴锅大泥鳅

材料 大泥鳅650克，白萝卜200克

调料 盐、红油、辣椒粉、胡椒粉、红椒、葱各适量

做法 ①大泥鳅洗净沥干；白萝卜切片，放入嘎巴锅底；红椒、葱切丝。②油锅加热，放入大泥鳅炸至金黄，捞出放入嘎巴锅里；嘎巴锅置火上，加水，大火烧开后加入红油、胡椒粉、辣椒粉，转小火焖熟。③调入盐，撒入红椒丝、葱丝即可。

蒜焖泥鳅

材料 泥鳅400克，蒜20克，粉丝150克

调料 盐3克，葱、胡椒粉、酱油、鸡精各适量

做法 ①泥鳅浸泡后洗净，沥干；粉丝发好；蒜去皮洗净；葱洗净切段。②油烧热，入泥鳅煎至金黄，加入适量清水，大火烧开后放入粉丝、蒜、葱段，调入酱油、胡椒粉。③转小火焖至汁浓，调入盐和味精即可。

烤鲅鱼

材料 鲅鱼350克，生菜80克

调料 盐、黑辣椒面各3克，酱油、料酒、香油各
10克

做法 ❶鲅鱼去鳞、去腮、去内脏，洗净，切块，
加盐、黑辣椒面、酱油、料酒腌渍；生菜洗净，垫
入盘底。❷将鲅鱼置烤箱内烤熟后取出。❸淋入
香油，装在生菜上即可。

炸针鱼

材料 针鱼1条

调料 盐2克，海鲜酱、料酒、水淀粉、面包糠、辣
椒面适量

做法 ❶针鱼去鳞、去腮、去内脏，洗净，从腹部
开边，用盐、料酒腌渍，入味后裹上水淀粉、面包
糠。❷油锅烧热，入针鱼炸至酥脆，熟后捞出盛
盘。❸将海鲜酱涂于鱼身，均匀撒上辣椒面即可。

椒盐多春鱼

材料 多春鱼400克，鸡蛋清3个

调料 盐3克，味精2克，面粉、花椒、料酒、椒盐
各适量

做法 ❶多春鱼治净，加料酒、花椒、盐腌渍30分
钟。❷将鸡蛋清倒入面粉，加水、盐、味精搅拌均
匀；将腌好的多春鱼裹上面糊。❸油锅烧热，放入
多春鱼炸至金黄色出锅，食用时蘸椒盐即可。

干炸金枪鱼

材料 金枪鱼500克

调料 盐3克，味精1克，醋8克，酱油12克，料酒10克

做法 ❶金枪鱼去鳞、去腮、去内脏，洗净，用
盐、味精、醋、酱油、料酒腌渍半小时，再用竹签
穿起备用。❷锅内注油烧热，放入穿有竹签的金枪
鱼煎炸。❸炸至两面金黄色且熟后，起锅沥油，装
盘即可。

椒盐九肚鱼

材料 九肚鱼500克，花椒少许

调料 盐3克，醋8克，生抽10克，水淀粉适量

做法 ❶ 九肚鱼去鳞、去腮、去内脏，洗净，用盐、味精、醋、生抽腌渍20分钟，再用水淀粉裹匀；花椒洗净。❷ 锅内注油烧热，放入花椒与盐炸香后，捞起花椒，放入九肚鱼炸至熟后即可。

煎多子鱼

材料 多子鱼3条

调料 盐、辣椒面各3克，料酒、水淀粉、豆皮各10克

做法 ❶ 多子鱼去鳞、去腮、去内脏，洗净，加盐、辣椒面、料酒腌渍，再用水淀粉上浆；豆皮洗净，切丝，下沸水锅中烫熟。❷ 油锅烧热，下多子鱼煎至两面金黄。❸ 撒上豆皮即可。

烤竹夹鱼

材料 竹夹鱼400克

调料 盐3克，味精1克，醋8克，酱油12克，料酒少许

做法 ❶ 竹夹鱼去鳞、去腮、去内脏，洗净，两面横切几刀。❷ 用盐、味精、醋、酱油、料酒将竹夹鱼腌渍约半小时。❸ 再将腌渍过的竹夹鱼放入烤箱中，烤20分钟至两面金黄色后，取出即可食用。

炸鸡腿鱼

材料 鸡腿鱼400克、西红柿适量

调料 盐3克，醋8克，生抽15克，料酒、水淀粉少许

做法 ❶ 鸡腿鱼去鳞、去腮、去内脏，洗净，切去头；西红柿洗净，切开。❷ 用盐、醋、生抽、料酒将鸡腿鱼腌渍30分钟，再裹上水淀粉备用。❸ 锅内加油烧沸，放入鸡腿鱼炸至熟，食时搭配西红柿即可。

腊八豆蒸牛蛙

材料 牛蛙400克,腊八豆、黄瓜各适量

调料 加点豆豉,味道会更好。

做法 ❶腊八豆洗净备用;牛蛙洗净,切块;黄瓜洗净,切菱形块;香菜洗净;红椒去蒂洗净,切粒。❷起油锅,入腊八豆稍微炸一下,放入牛蛙、黄瓜同炒,加盐、酱油、醋调味后,盛在蒸笼里。❸撒上红椒粒后,蒸熟取出,用香菜点缀即可。

川味土豆烧甲鱼

材料 甲鱼1只,小土豆200克,黄瓜适量

调料 盐3克,酱油15克

做法 ❶甲鱼洗净,切块;小土豆去皮,洗净;黄瓜洗净,切片,摆于盘中。❷锅内注油烧热,放入甲鱼块稍翻炒后,注水,加入小土豆一起焖煮。❸再加入盐、酱油煮至熟后,装入排有黄瓜的盘中即可。

酱椒蒸甲鱼

材料 甲鱼1只

调料 盐4克,泡椒50克,酱油、醋、料酒、香菜、胡萝卜片各适量

做法 ❶甲鱼洗净,切大块;泡椒切碎;香菜洗净备用。❷锅入水烧开,放入甲鱼汆水后,捞出沥干摆盘,加盐、酱油、醋、料酒调味,撒上泡椒后,入蒸锅蒸熟后取出。❸用香菜、胡萝卜片装饰即可。

芋儿煮甲鱼

材料 甲鱼1只,芋头300克,胡萝卜适量

调料 盐、干红椒、大葱段、酱油、啤酒、高汤各适量

做法 ❶芋头洗净,胡萝卜洗净切块,干红椒切段。❷甲鱼洗净,汆水后捞出。❸高压锅内注入高汤,放入甲鱼、芋头、胡萝卜,加盐、啤酒、酱油及干红椒煮熟,放入大葱后捞出装盘即可。

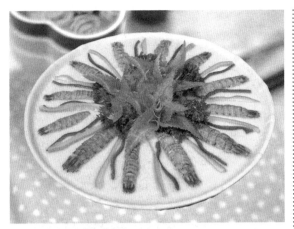

虾蛄蒸水蛋

材料 虾蛄12只，鸡蛋4个，青、红椒各适量

调料 盐3克，料酒适量

做法 ❶青、红椒洗净切长丝；虾蛄洗净后用料酒、盐腌渍片刻。❷鸡蛋磕入碗中，加适量清水、盐一起调匀，入屉蒸至六成熟后取出。❸将虾腹部朝下、头朝内放于蒸蛋上，放青、红椒饰边后再放入蒸屉蒸熟便可。

宫廷黄金虾

材料 虾500克，鸡蛋2个

调料 盐4克，葱15克

做法 ❶鸡蛋磕入碗中，加盐搅拌均匀；葱洗净，切成葱花；虾洗净备用。❷油锅烧热，放入虾，加盐炸好，捞出；鸡蛋液放入蒸锅中，蒸至六成熟，放入炸好的虾。❸入锅蒸熟，撒上葱花即可。

五彩虾仁蒸蛋

材料 鸡蛋、胡萝卜、豌豆、虾仁、蟹柳、香菇适量

调料 盐2克，料酒、香油各适量

做法 ❶胡萝卜、香菇均洗净，切丁；豌豆洗净；虾仁洗净；蟹柳洗净，切丁，与虾仁同用料酒腌渍。❷鸡蛋磕入碗中，加盐、适量清水搅匀，入锅蒸至五成熟取出。❸将其他原材料放入蒸蛋中，入锅蒸熟，取出淋上香油即可。

虾胶日本豆腐

材料 日本豆腐600克，虾500克，鸡蛋液适量

调料 姜末、盐、鸡精、水淀粉各适量

做法 ❶日本豆腐洗净，切段，用勺子挖去中间部分；虾洗净，去壳，剁成蓉备用。❷虾加入姜末、盐、鸡精、鸡蛋液搅拌均匀，填入挖空的豆腐内，上锅蒸熟，端出。❸油锅烧热，加高汤、鸡精、水淀粉勾芡，淋在豆腐上即可。

酥炸牛蛙腿

材料 牛蛙3只，鸡蛋1个，面包糠20克
调料 盐5克，酱油5克，味精3克
做法

❶ 牛蛙去内脏洗净，取腿切段，用盐、味精、酱油腌渍入味。

❷ 鸡蛋打散，将牛蛙腿挂上一层蛋糊，再粘上面包糠待用。

❸ 锅上火，加油烧热，下入牛蛙腿炸至表面呈金黄色，捞出即可。

鹿茸枸杞蒸虾

材料 大白虾500克，鹿茸10克，枸杞10克

调料 米酒50克

做法 ❶虾剪去须脚，自背部剪开以牙签挑去虾线，洗净，沥干。❷鹿茸以火烧去周边绒毛，并与枸杞以米酒浸泡20分钟。❸虾子盛盘，放泡好的米酒。锅中加适量水，将盘子移入隔水蒸8分钟即成。

隔水蒸九节虾

材料 九节虾500克

调料 酱油100克

做法 ❶九节虾用清水洗干净。❷上笼蒸12分钟。❸蒸好的虾整齐地摆在碟中，跟酱油上桌。

油爆大虾

材料 虾600克

调料 高汤200克，白糖、料酒各5克，盐、醋、姜片、葱段、蒜片各适量

做法 ❶虾洗净。❷油烧热时放入姜片、葱段、蒜片炒香，再放入虾，炸1分钟后捞出。❸虾入油锅复炸至熟，捞出控油。❹锅留底油，烧热后放入高汤、白糖、料酒、盐、醋，下虾以大火收汁即可。

水煮虾

材料 虾400克

调料 盐3克，味精2克，料酒适量

做法 ❶虾洗净，用盐、味精、料酒腌渍30分钟左右。❷锅置火上，注入清水，烧沸后将腌渍好的虾倒入其中，煮熟后便可盛出装盘。

青蓉蟹腿肉

材料 蟹腿肉、鸡蛋、黄瓜、胡萝卜丁各适量

调料 樱桃、盐、沙拉酱各适量

做法 ❶蟹腿肉洗净；黄瓜洗净，一部分切丁，一部分切片摆盘；樱桃洗净对切，摆盘。❷锅内注水煮沸，加盐，放入蟹腿肉氽熟，捞起沥水；鸡蛋煮熟，剥壳后取蛋白切碎。❸蟹腿肉、黄瓜丁、胡萝卜丁、蛋白一同装盘，加入沙拉酱拌匀即可。

鱼子拌蟹膏

材料 净蟹膏肉200克，鱼子酱20克

调料 醋、料酒各适量，姜50克，蒜10克，香油少许

做法 ❶姜、蒜去皮洗净，切末备用。❷蟹膏肉装盘，淋上料酒，放入蒸锅内蒸10分钟。❸将姜、蒜、醋调成味汁，淋在蟹膏肉上，最后淋入鱼子酱、香油即可。

清蒸大闸蟹

材料 大闸蟹600克，生菜叶50克

调料 盐2克，酱油、醋各适量

做法 ❶大闸蟹洗净，生菜叶洗净摆盘。❷把大闸蟹放在生菜叶上，入蒸笼中蒸20分钟，取出。❸取一小碗，加入盐、酱油、醋拌匀，蘸食即可。

蜀南香辣蟹

材料 蟹450克，香菜10克

调料 盐3克，花椒10克，八角粉、姜片、红油、味精各适量

做法 ❶蟹洗净，斩成块；香菜洗净切段。❷油烧热，放入姜片、花椒炝锅，再倒入蟹块，翻炒几遍后注入适量清水。❸大火烧开，加入红油、八角粉，煮熟后加盐和味精调味即可。

香辣花甲

材料 花甲450克

调料 盐5克，料酒、豆豉、葱、姜各6克，干椒12克，花椒8克

做法

① 花甲放入清水中洗净后，再下入开水中煮至开壳；葱、姜洗净，葱切段，姜切片。

② 起油锅，将干椒、豆豉、花椒、葱、姜放入锅中爆炒。

③ 再下入花甲炒熟，调入盐、料酒炒匀即可。

铁板鱿鱼筒

材料 鱿鱼5条，洋葱丝15克

调料 沙拉酱20克，海鲜酱15克，黑胡椒粉15克，味精3克，卤水1000克，葱末10克

做法

① 鱿鱼治净汆水，取出后卤30分钟，改刀。

② 油锅烧热，放入洋葱丝和葱末煸炒出香味，加入沙拉酱、海鲜酱、黑胡椒粉、味精调成汁备用。

③ 取一铁板烧至九成热，将切好的鱿鱼放于铁板上，浇上调好的汁上桌，撒上葱末。

珊瑚炒雪蛤

材料 雪蛤100克，鸡蛋清8只，纯鲜牛奶150克

调料 糖10克，鸡精5克，盐6克

做法 ❶雪蛤洗净焯水，用布吸干水分。❷将蛋清、鲜牛奶和所有调味料放入雪蛤中搅匀。❸上锅放油，放入所有原料，慢火炒熟即可。

水蛋爆蛤仁

材料 蛤蜊500克，火腿肠80克，鸡蛋5个

调料 盐4克，葱花15克

做法 ❶蛤蜊洗净；火腿肠去皮，切丁；鸡蛋磕入碗中，加盐，搅拌均匀备用。❷在鸡蛋液中加两碗80℃的水，放入蛤蜊和火腿肠，上锅隔水旺火蒸。❸蒸好，端出，撒上葱花即可。

蒜蓉蒸扇贝

材料 蒜蓉50克，扇贝150克，粉丝30克

调料 葱丝、红椒丁各10克，盐、味精、番茄酱各适量

做法 ❶扇贝洗净，留一半壳；粉丝泡发后剪小段。❷将留在贝壳中的贝肉治净，剞二三刀，放置在贝壳上，再撒上粉丝，上笼屉蒸2分钟。❸烧热油锅，下蒜蓉、葱丝、红椒丁，煸出香味，放盐、味精翻炒，然后将番茄酱、味精分别淋到扇贝上。

木瓜炖雪蛤

材料 雪蛤200克，木瓜1个

调料 冰糖、鲜奶各适量

做法 ❶木瓜外皮洗净，在顶部1/5处切开，挖出核和瓤，待用。❷雪蛤用水浸泡后洗净，入开水中汆烫后沥干，放入煲里，加入适量水和冰糖炖至冰糖溶化，盛在木瓜里。❸倒入鲜奶，加木瓜盖盖，用牙签插实，隔水炖30分钟即可。

秘制虾蛄王

材料 虾蛄500克，小尖椒30克

调料 葱30克，红油30克，香油20克，盐5克

做法 ❶虾蛄治净，入沸水中汆熟摆盘；葱洗净切成葱花；小尖椒洗净，切块。❷炒锅烧热加油，下香油、红油、小尖椒、盐，一起炒匀加适量清水煮开。❸再加入虾蛄焖至入味，盛出，撒上葱花即可。

鲜虾蒸胜瓜

材料 蒜蓉100克，鲜虾500克，胜瓜1000克

调料 味精5克，盐、鸡精粉各3克，糖10克

做法 ❶鲜虾去须、爪，洗净开边；胜瓜去皮、籽，洗净切条。❷将鲜虾、胜瓜、1/2量蒜蓉放入碗内，加入调味料搅拌均匀。❸放入锅内蒸30分钟至熟，取出撒上剩余的蒜蓉即可。

钵钵香辣蟹

材料 肉蟹450克，干红椒50克

调料 盐3克，淀粉、花椒、辣酱各适量，香菜10克

做法 ❶肉蟹治净，斩块，表面拍上淀粉备用；干红椒洗净，切段；香菜洗净。❷油锅烧热，放入肉蟹用小火炸1分钟，捞出控油；另起油锅，放入花椒、干红椒爆香，放入肉蟹，加适量水焖熟。❸加盐、辣酱调味，起锅装盘，撒上香菜即可。

南洋炒蟹

材料 蟹300克

调料 盐2克，辣椒油8克，咖喱粉15克，红糖、椰奶各适量，葱少许

做法 ❶蟹治净，斩块；咖喱粉、红糖、椰奶加少许清水调成味汁；葱洗净，切长段。❷油锅烧热，放入蟹炒至火红色，加入味汁翻炒至熟。❸加入盐、辣椒油调味，盛盘后撒上葱段即可。

台式辣炒圣子皇

材料 肉碎4克，圣子皇400克，青椒、红椒各1个
调料 盐、鸡精、辣椒酱、咖喱粉、番茄酱各10克
做法

1 圣子皇洗净；青椒、红椒去蒂，切块。

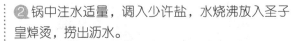

2 锅中注水适量，调入少许盐，水烧沸放入圣子皇焯烫，捞出沥水。

3 油烧热，爆香青椒、红椒及肉碎，调入调料，加入圣子皇煮开，炒匀至熟即可出锅。

碳烤海螺

材料 海螺500克

调料 盐2克，味精1克，醋8克，生抽10克，料酒少许，红椒适量，大蒜5克

做法

1 海螺治净；红椒、大蒜洗净，切成末。

2 用盐、味精、醋、生抽、料酒、蒜末调成汁，灌进海螺中，再放入红椒。

3 放在炭火中烤熟装盘，即可食用。

八卦鲜贝

材料 鲜贝400克，高汤300克

调料 酱油、糖、米醋、番茄酱、盐各适量

做法 ❶鲜贝洗净备用；高汤加盐下锅煮开，倒入一半鲜贝煮熟，捞出沥干备用。❷炒锅倒油加热，下入酱油、糖、米醋、番茄酱煮至溶化，倒入剩下的鲜贝翻炒至熟。❸将按照两种做法做好的鲜贝分别倒入装饰好的盘中即可。

胡萝卜丝煮珍珠贝

材料 胡萝卜20克，珍珠贝100克，上海青50克

调料 盐3克，葱少许

做法 ❶胡萝卜洗净，切成丝；珍珠贝洗净；上海青洗净，去叶留梗；葱洗净，切末。❷锅中加油烧热，放入珍珠贝略炒后，注水煮至沸，加入胡萝卜、上海青、葱焖煮。❸再加入盐调味即可。

清炒蛤蜊

材料 蛤蜊450克

调料 味精、葱、姜各5克，红辣椒、盐、干红椒各3克，蚝油10克，料酒8克

做法 ❶蛤蜊治净，入锅煮至开口。❷葱切碎；姜、红辣椒切丝；干红椒切小段。❸油锅烧热，下姜末、干红椒、红椒丝煸香，入蛤蜊肉翻炒，加入葱花、蚝油、味精、料酒、盐，稍炒后盛入盘中。

口味蛤蜊

材料 蛤蜊400克，豆豉30克

调料 红椒、生姜、葱花各15克，盐、鸡精各2克

做法 ❶将蛤蜊洗净，氽沸水至八成熟，捞出沥干；红椒切丁；生姜去皮切丁；葱切花。❷炒锅注油烧热，下入蛤蜊爆炒，再倒入豆豉和红椒丁、生姜同炒香。调入少许盐和鸡精调味，起锅装盘。最后撒上适量葱花即可。

辣爆蛏子

材料 蛏子500克，干辣椒、青椒、红椒各适量

调料 盐3克，味精1克，酱油10克，料酒15克

做法 ❶蛏子治净，用温水汆过后，捞起备用；青椒、红椒洗净切成片；干辣椒洗净，切段。❷锅置火上，注油烧热，下料酒，加入干辣椒段煸炒后放入蛏子翻炒，再加入盐、酱油、青椒片、红椒片炒至入味。❸加入味精调味，起锅装盘即可。

酱汁蛏子

材料 蛏子300克，韭黄100克

调料 盐3克，味精1克，醋10克，酱油15克，青椒、红椒各少许

做法 ❶蛏子去壳洗净；韭黄洗净，切成小段；青椒、红椒洗净，切小片。❷锅内加油烧沸，放入蛏子、韭黄、青椒、红椒翻炒5分钟。❸再加盐、味精、醋、酱油调味，即可装盘。

蒜蓉粉丝蒸蛏子王

材料 蛏子700克，粉丝300克，蒜头100克

调料 生抽、鸡精、盐、葱花、香油各适量

做法 ❶蛏子对剖开，洗净；粉丝用温水泡好；蒜头去皮，剁成蒜蓉备用。❷油锅烧热，放入蒜蓉煸香，加生抽、鸡精、盐炒匀，浇在蛏子上，泡好的粉丝也放在蛏子上，撒上葱花，淋上香油，入锅蒸3分钟即可。

翡翠豆炒雪螺

材料 荷兰豆、雪螺各300克

调料 醋、料酒、盐、味精各适量

做法 ❶荷兰豆洗净，去老筋，切去两端；雪螺治净，取肉用醋、料酒腌渍备用。❷油锅烧热，放入雪螺，加盐煸炒出水分，捞出；另起油锅，放荷兰豆，加盐翻炒。❸炒至八成熟时，放入雪螺炒匀，加味精调味，装盘即可。

地道百味

——百吃不厌满口香

除了鸡鸭鱼、猪牛羊肉之外，饮食文化中还存在着一些平时少见的肉食，如狗肉、鹌鹑、蛙肉、兔肉等，这些菜虽然不是常常出现在我们家庭的餐桌上，但是却以其独特的味道却让饕客们吃得欲罢不能，久久回味。

茶树菇拌鹅肠

材料 茶树菇100克，鹅肠200克，熟芝麻少许

调料 盐3克，味精1克，醋8克，老抽10克，红油少许，香菜适量

做法 ❶ 鹅肠洗净，切片；茶树菇洗净；香菜洗净。❷ 锅内注水烧沸，分别放入茶树菇、鹅肠煮熟后，捞起沥干并装入盘中。❸ 加入盐、味精、醋、老抽、红油、熟芝麻拌匀，撒上香菜即可。

双椒鹅肠

材料 鹅肠200克，锅巴100克，青椒、红椒各适量

调料 盐3克，醋8克，酱油10克

做法 ❶ 鹅肠洗净，切丝；青椒、红椒洗净，切丝；锅巴折成小块。❷ 锅内注油烧热，下鹅肠翻炒至变色后，加入锅巴与青椒、红椒炒匀。❸ 再加入盐、醋、酱油翻炒至熟后，起锅装盘即可。

榨菜鹅肠

材料 鹅肠150克，榨菜100克，熟芝麻少许

调料 盐3克，味精2克，醋5克，红油10克

做法 ❶ 鹅肠洗净，去尽筋膜，切片；榨菜洗净，切片。❷ 油锅烧热，下入鹅肠炒香，加入榨菜炒熟。❸ 加盐、味精、醋、红油调味，起锅装盘，撒上熟芝麻即可。

卤水鹅八珍

材料 鹅肠、鹅肝、鹅肾、鹅掌、鹅颈、鹅头、鹅肠、鹅血、红椒各适量

调料 盐3克，酱油30克，卤水500克

做法 ❶ 鹅肠、鹅肝、鹅肾、鹅掌、鹅颈、鹅头、鹅肠、鹅血均治净；红椒切花。❷ 油锅烧热，倒入少许水，放入各种调味料，下入鹅杂，卤熟捞出。❸ 鹅杂切好，入盘撒上红椒。

美味剁椒鹅肠

材料 鹅肠400克，剁椒100克

调料 盐3克，醋8克，酱油10克，葱少许

做法 ❶鹅肠洗净切段，将鹅肠下入沸水中烫至卷起时，捞出盛入碗中；葱洗净，切花。❷油锅烧热，下入剁椒炒香，再加盐、醋、酱油调味后，起锅淋在鹅肠上，并撒上葱花即可。

水豆豉拌鹅肠

材料 水豆豉100克，鹅肠300克，黄瓜50克

调料 盐、醋、酱油、蒜末、葱花各适量

做法 ❶鹅肠洗净切段；黄瓜洗净切片。❷锅内注水烧热，放入鹅肠煮熟后，捞起沥干装入盘中。❸再加入水豆豉、盐、醋、酱油、蒜末拌匀，撒上葱花，黄瓜摆盘边即可。

泡椒鹅肠

材料 鹅肠400克，泡椒100克

调料 盐3克，味精1克，醋15克，酱油20克，蒜苗、葱各适量，花椒少许

做法 ❶鹅肠剪开洗净，切段；蒜苗切段；葱切花。❷油烧热，下花椒炒香，放入鹅肠翻炒至变色，加入蒜苗、泡椒炒匀。❸炒熟后，加盐、味精、醋、酱油炒匀入味，起锅装盘，撒上葱花即可。

剁椒黄瓜鹅肠

材料 鹅肠300克，剁椒300克，黄瓜50克

调料 盐、鸡精、红油、料酒各适量

做法 ❶将鹅肠洗净，切段，汆水；黄瓜去皮，洗净切片，摆盘。❷炒锅注油烧热下入鹅肠翻炒，再加入盐、鸡精、红油、料酒、剁椒炒匀，起锅装盘即可。

火爆鹅肠

材料 鹅肠300克，莴笋50克

调料 盐3克，味精1克，酱油10克，花椒少许，干红椒50克

做法 ① 鹅肠治净，剪开后切成长段；莴笋去皮洗净，切片；干红椒洗净，切圈。② 油锅烧热，放入鹅肠爆炒至发白，加入莴笋、干红椒炒熟。③ 加入盐、味精、酱油、花椒调味，炒匀即可。

剁椒鹅肠

材料 鹅肠350克

调料 剁椒、葱、盐、红油、醋各适量

做法 ① 鹅肠治净，切条状；葱洗净，切花。② 净锅上火，加入适量清水烧开，放入鹅肠煮至熟透，捞出沥干水分，加盐、红油、醋拌匀，装盘。③ 将剁椒、葱花放在鹅肠上即可。

双椒鲜鹅肠

材料 鹅肠250克，青椒、红椒圈各适量

调料 盐、生抽、醋各5克，红油10克，味精2克

做法 ① 鹅肠剪开，洗净切段，放入沸水中煮熟，捞出沥水，装盘。② 油锅烧热，下青椒、红椒炒香，加入盐、味精、生抽、醋、红油炒成味汁，淋在鹅肠上即可。

老干妈鹅肠

材料 鹅肠350克，香菜叶少许

调料 盐、青椒、红椒、葱、老干妈酱各适量

做法 ① 鹅肠治净，切条状；香菜叶洗净；青椒、红椒均去蒂洗净，切粒；葱洗净，切花。② 热锅下油，放入鹅肠翻炒片刻，再放入青椒粒、红椒粒、老干妈酱、盐炒匀，加适量清水烧一会儿。③ 待熟盛盘，撒上葱花，用香菜叶点缀即可。

小炒鹅肠

材料 鹅肠300克,蒜薹100克,红椒适量

调料 盐3克,味精1克,醋8克,酱油10克,蒜少许

做法 ❶鹅肠洗净,剪开切成短段;蒜薹洗净,切段;红椒洗净,切圈;蒜洗净,切片。❷锅内注油烧热,放入鹅肠炒至发白后,加入红椒、蒜薹、蒜片炒匀。❸再加入盐、醋、酱油炒至熟后,加入味精调味,起锅装盘即可。

钵钵鹅肠

材料 鹅肠400克,豆芽200克,黑木耳100克

调料 盐3克,味精2克,醋10克,酱油15克,香葱少许

做法 ❶鹅肠剪开洗净,切成长段;豆芽洗净;黑木耳泡发洗净,撕成小片;香葱洗净,切花。❷锅中注油烧热,放入鹅肠稍炒后,注水,放入豆芽、黑木耳焖煮。❸再加入盐、醋、酱油煮至熟后,加入味精调味,撒上葱花即可。

蒜苗炒鹅肠

材料 鹅肠300克

调料 盐、味精、醋、葱、蒜苗、红椒、青椒各适量

做法 ❶鹅肠剪开洗净,切成长段;葱、蒜苗洗净,切段;青、红椒洗净,切片。❷锅内注油烧热,放入鹅肠翻炒变色后,加入盐、醋翻炒入味。❸再加入蒜苗、葱、红椒、青椒翻炒至熟后,加入味精调味,起锅装盘即可。

干锅鹅肠

材料 鹅肠300克,泡椒80克

调料 盐3克,料酒、蒜头、葱、水淀粉各适量

做法 ❶鹅肠割开,洗净,切长段,加料酒腌渍入味;泡椒洗净;蒜头去皮,洗净;葱洗净,切段。❷油锅烧热,下入泡椒炝香,倒入鹅肠、蒜头翻炒,注入适量清水,焖煮至熟。❸放入盐调味,用水淀粉勾芡,倒入干锅,撒入葱,即可食用。

黄瓜干拌鹅肠

材料 鹅肠300克，黄瓜干100克

调料 盐、味精、醋、酱油、红椒、蒜苗各适量

做法 ❶ 鹅肠剪开洗净，切成长段；黄瓜干泡发，洗净；红椒、蒜苗洗净，切片。❷ 锅内注水烧沸，放入黄瓜干、鹅肠、红椒、蒜苗煮熟后，捞起沥干装入盘中。❸ 再加入盐、味精、醋、酱油拌匀，即可食用。

剁椒拌鹅肠

材料 鹅肠400克，剁辣椒50克，黄瓜30克

调料 盐3克，味精1克，醋8克，酱油10克

做法 ❶ 鹅肠剪开，洗净，切段；黄瓜洗净，切成长薄片。❷ 将鹅肠下入沸水中烫至熟后，捞起沥干水分，装入碗中。❸ 将剁辣椒与所有调味料一起拌匀，淋在鹅肠上，拌入味，碗边摆上黄瓜片即可。

香菜拌鹅肠

材料 鹅肠200克

调料 盐3克，味精4克，香菜20克

做法 ❶ 鹅肠治净，切段；香菜洗净，切段。❷ 净锅入水烧沸，下入鹅肠汆熟，捞出，沥干水分，入盘。❸ 将香菜放入盘中，加盐、味精拌匀，即可食用。

油酥鹅肠

材料 鹅肠150克，红椒、熟芝麻各少许

调料 盐、红油、醋各适量，水淀粉20克，香菜少许

做法 ❶ 鹅肠治净，切片；红椒去蒂，洗净切段；香菜洗净。❷ 油锅烧热，下入鹅肠翻炒片刻，注入少许清水，焖煮至汤汁收浓。❸ 加盐、红油、醋调味，用水淀粉勾芡，入盘，撒上红椒、香菜、熟芝麻即可。

辣椒炒兔丝

材料 兔肉200克，辣椒150克

调料 姜10克，盐3克，味精2克

做法

① 兔肉洗净，切成细丝；辣椒洗净，去籽切成细丝；

姜去皮切丝。

② 将兔肉丝与辣椒丝一起入油锅中过油后捞出。

③ 锅上火，加油烧热，下入姜丝爆香，加入兔肉与辣椒同炒匀后，加入所有调味料调味即可。

清酒鹅肝

材料 鹅肝350克

调料 清酒200克，白胡椒3克，盐2克，矿泉水300克

做法 ❶ 鹅肝洗净；净锅注入矿泉水，加清酒、白胡椒、盐，加热至沸腾，制成汤料。❷ 将鹅肝放入汤料中小火煮40分钟，至鹅肝入味后取出放凉。❸ 把冷却的鹅肝冷藏2小时后取出，切厚片装盘即可。

白切鹅肝

材料 鹅肝250克

调料 盐、味精各适量

做法 ❶ 鹅肝治净。❷ 净锅上水烧开，下入鹅肝汆熟，捞起沥水，切片。❸ 加盐、味精调匀后，摆放入盘中，即可。

麻辣鹅肝

材料 鹅肝300克

调料 盐3克，醋10克，辣椒油少许

做法 ❶ 鹅肝治净。❷ 净锅上水烧开，汆鹅肝至熟，捞起沥水，切厚片，摆放入盘。❸ 取小碗，放入盐、醋、辣椒油调匀，蘸食即可。

香油鹅肝

材料 鹅肝300克，胡萝卜少许

调料 盐3克，香油适量

做法 ❶ 鹅肝治净，切片；胡萝卜洗净，切块。❷ 锅入水烧开，放入鹅肝，加盐煮至入味，捞出切块，整齐摆放盘中。❸ 淋上香油，撒上胡萝卜即可。

烧汁拌鹅肝

材料 鹅肝300克

调料 烧汁、盐、葡萄酒、酱油、红椒、蒜、葱花各适量

做法 ❶鹅肝洗净，用盐、葡萄酒、酱油腌渍；红椒、蒜洗净，均剁碎。❷油锅烧热，入鹅肝煎至呈金黄色成熟时，捞起沥干，装盘。❸用烧汁、红椒末、蒜末调成汁，浇在鹅肝上，撒上葱花即可。

鲜咸鹅肝

材料 鹅肝300克

调料 盐、醋各适量

做法 ❶鹅肝用清水冲洗15分钟。❷净锅上水，下入鹅肝煮熟捞出沥水，切片，摆盘。❸取碗，放入盐、醋调匀，蘸食即可。

藕片鹅肝

材料 鹅肝150克，酱藕片、红椒圈各适量

调料 盐3克，药酒50克

做法 ❶鹅肝放在自来水下，冲洗15分钟。❷净锅入少许水，倒入鹅肝、药酒煮香。❸将盐放入调味，煮熟，捞起沥水，切薄片，放入酱藕片、红椒圈，摆盘即可。

酒香鹅肝

材料 鹅肝150克，黄瓜适量

调料 盐3克，清酒、麻油各适量

做法 ❶鹅肝治净；黄瓜洗净，切薄片，备用。❷热锅入水烧开，放入清酒煮香，下鹅肝煮沸，加盐煮熟。❸捞出，控净水，切片，放入黄瓜摆盘，淋入麻油即可。

卤水鹅肝

材料 鹅肝300克

调料 酱油、盐各适量

做法 ❶鹅肝治净，切大块。❷锅上水烧开，放入鹅肝，加酱油、盐，用小火煮至剩水不多，捞起入盘。❸起锅淋入锅中剩下的卤汁，即成。

醋蘸鹅肝

材料 鹅肝200克，白菜适量

调料 盐、醋各适量

做法 ❶鹅肝治净；白菜洗净，铺在盘中。❷锅入水烧开，放入鹅肝汆熟，切小块，放入盘中。❸取碟放入盐、醋拌匀，蘸食即可。

白菜鹅肝

材料 鹅肝300克，大白菜适量

调料 盐少许

做法 ❶鹅肝治净，入水浸泡15分钟；大白菜洗净，放入盘中。❷锅倒水烧开，下入鹅肝，加盐煮熟，捞出沥水。❸将鹅肝切成薄片，摆放在大白菜上即可。

一品香干鹅肝

材料 鹅肝100克，香干200克

调料 盐、味精各3克，红椒、香菜段、香油各适量

做法 ❶鹅肝洗净，汆水后捞出，切片；香干洗净，焯水后取出，切片，摆在盘边；红椒洗净，切丝。❷将鹅肝调入盐、味精拌匀后，置于香干上。❸撒上红椒丝、香菜，刷上香油即可。

盐泡鹅肝

材料 鹅肝350克

调料 盐、味精各适量

做法 ❶鹅肝洗净，浸泡10分钟。❷锅注水烧热，下入鹅肝煮熟，放入盐、味精调味。❸煮熟后捞出沥水，切大块，摆盘即可。

碧绿鲍汁鹅肝

材料 鹅肝、黄瓜、西蓝花、圣女果各适量

调料 鲍汁20克，盐3克

做法 ❶鹅肝治净，切圆形块，打上花刀；黄瓜洗净，切花；西蓝花洗净，切成小朵；圣女果洗净，切开。❷将鹅肝、黄瓜、西蓝花摆放入盘中，上蒸锅隔水蒸熟，取出。❸油锅烧热，将鲍汁、盐调成味汁，淋在鹅肝上，撒入圣女果即可。

酱黄鹅肝炒秋茄

材料 鹅肝、茄子各150克，红椒少许

调料 盐3克，麻辣酱15克，蒜蓉适量

做法 ❶鹅肝治净，切块；茄子去蒂，洗净切长条；红椒洗净，切细条。❷油锅烧热，下蒜蓉炝香，放入鹅肝、茄子炒熟。❸加盐、麻辣酱调味，撒上红椒即可。

紫菜鹅肝卷

材料 紫菜、鹅肝、雪里蕻、胡萝卜各适量

调料 盐、面粉、面包糠各适量

做法 ❶鹅肝治净，加盐略腌；紫菜洗净，泡发；雪里蕻、胡萝卜均洗净，切细条。❷将鹅肝、雪里蕻、胡萝卜用紫菜包好，切斜段，放入盘中摆好。❸面粉加水，放入盐、面包糠调匀，匀涂在紫菜上，放入蒸锅隔水蒸熟，取出即可。

香煎法式鹅肝

材料 鹅肝、芦笋各适量

调料 盐、面粉、芝麻酱各适量

做法 ❶ 鹅肝治净，打上花刀；芦笋洗净，切段，焯水。❷ 面粉放入少许水，加入盐调匀，涂抹于鹅肝上，剩下的做成面粉圈。❸ 油锅烧热，放入鹅肝、面粉圈炸熟，捞出沥油，加芦笋摆盘，淋入芝麻酱即成。

卤水大鹅掌

材料 鹅掌250克

调料 卤料包、生抽、红糖、盐、生姜、香油各适量

做法 ❶ 鹅掌洗净，去脚趾，入沸水汆烫，捞出备用。❷ 油锅烧热，放入高汤，加卤料包、生抽、红糖、盐、生姜烧开，倒入香油。❸ 鹅掌入卤水，中火煮至八成熟，改小火煮至熟，捞出装盘即可。

椒盐鹅掌心

材料 鹅掌200克，花椒适量

调料 盐3克，味精1克，醋8克，酱油15克，葱少许

做法 ❶ 鹅掌洗净，取掌中心部位的肉切成丁；花椒洗净；葱洗净，切花。❷ 锅内注油烧热，下花椒炸香后，捞出花椒，放入鹅掌丁炸至变色。❸ 再加入盐、醋、酱油炒至熟后，加入味精调味，撒上葱花即可。

鲍汁百灵菇扒鹅掌

材料 鹅掌1只，百灵菇100克，鲍汁30克，上海青50克

调料 盐、鸡精、蚝油、糖、生抽、老抽各适量

做法 ❶ 鹅掌洗净擦干；上海青入锅烫熟。❷ 百灵菇入沸水中焯烫，捞出沥水后，切成薄片；鹅掌入油中炸至金黄色。❸ 砂锅上火，放入百灵菇、鹅掌，调入所有调味料，一起煲7~8小时，盛出装入盘中，淋上鲍汁，摆上上海青即可食用。

爆炒花雀

材料 光花雀4只，红尖椒150克
调料 葱、盐、酱油各5克，味精、料酒各3克
做法

①花雀去内脏洗净，切成小块；红尖椒洗净，切碎。

②将雀肉用料酒、酱油、盐稍腌待用。

③锅上火，加油烧热，下入雀肉爆香后，再加入辣椒炒匀，加入葱、味精，炒匀即可出锅。

花菇烧鹅掌

材料 鹅掌1只，花菇100克

调料 盐3克，醋8克，酱油20克，淀粉20克

做法 ①鹅掌治净，用沸水汆一下待用；花菇泡发，洗净。②油锅烧热，放入鹅掌翻炒至发白后，放入花菇并注水焖煮。③再加入盐、醋、酱油煮至汤汁收浓时，用淀粉勾芡，起锅装盘即可。

鲍汁辽参扣鹅掌

材料 鹅掌1只，辽参100克，鲍汁30克

调料 蚝油、盐、火腿汁、淀粉各适量

做法 ①鹅掌治净，入油锅稍炸后，再入锅蒸至熟软；辽参洗净，入沸水中汆烫后，捞出。②油锅烧热，加上汤，放蚝油、盐调味，入辽参烧沸后，与鹅掌同装盘，将鲍汁、火腿汁烧沸，勾芡，淋在鹅掌上即可。

鲍汁花菇扣鹅掌

材料 鹅掌1只，花菇100克，百灵菇100克，西蓝花少许

调料 鲍汁30克

做法 ①鹅掌洗净汆水，下四成热油炸至色泽金黄；花菇泡发；百灵菇修整成四方小块。②清水锅中加入鹅掌、花菇、百灵菇，中火煲制4小时后取出装入盘中备用。③鲍汁加热淋在鹅掌上，西蓝花洗净，烫熟同摆盘即可。

鲍汁西蓝花扣鹅掌

材料 鹅掌1只，面条20克，西蓝花15克

调料 鲍汁30克

做法 ①鹅掌治净，汆水后下油锅炸至金黄色，最后放入锅中，加水煨至熟软。②西蓝花洗净，掰成小朵，下入沸水中烫熟；面条入锅中煮熟后，再浸入凉水中几分钟以防粘连。③将鹅掌、西蓝花、面条装盘，将鲍汁加热，淋在盘中即可。

蒜香狗肉

材料 狗肉400克，生菜适量

调料 蒜、红椒、盐、卤水、红油各适量

做法 ❶生菜焯水后捞出沥干，摆盘；蒜去皮洗净，用刀拍碎；红椒去蒂洗净，切丝。❷净锅置火上，倒入卤水，加入盐，放入狗肉卤至熟透后，捞出沥干，待凉，切成小块，用红油拌匀后，放在生菜叶上。❸将红椒、蒜放在狗肉上即可。

蒜苗狗肉煲

材料 狗肉500克，白萝卜300克，蒜苗段10克

调料 豆瓣酱、盐、红油、姜片、蒜片、八角各适量

做法 ❶狗肉洗净斩件；白萝卜洗净切块。❷白萝卜煮10分钟，垫入煲底；狗肉汆水。❸爆香姜片、蒜片、豆瓣酱、八角，下入狗肉、蒜苗炒香，放入煲内加水焖40分钟调入盐、红油即可。

锅仔狗肉

材料 狗肉400克，黄豆芽、葱片、红椒适量

调料 料酒5克，盐、醋、生抽6克，干辣椒10克，胡椒粉、花椒、八角5克，姜片、葱段各适量

做法 ❶狗肉剁块；红椒切菱形片。❷狗肉入锅煮熟，捞起沥干。❸锅中油烧热后，下姜片、干辣椒、八角、花椒爆香，加狗肉、红椒片、洋葱片、豆芽，调入调料，炖煮熟烂后，撒上葱段即可。

干锅狗肉

材料 狗肉700克，芹菜适量

调料 盐8克，味精5克，辣妹子酱15克，料酒10克，桂皮8克，草果5克，干辣椒、姜、蒜各少许

做法 ❶狗肉斩小块；芹菜切段；红椒切块；蒜切片；姜切片。❷油烧热，下入狗肉、干辣椒、姜片、蒜炒至狗肉熟透。❸入芹菜、红椒炒熟，加桂皮、草果和其他调味料炒入味，倒入干锅内即可。

狗肉烩洋葱

材料 熟狗肉500克，红椒、洋葱各1个

调料 泡椒粒10克，料酒5克，胡椒粉5克，盐3克，姜1块

做法 ❶将熟狗肉切成块状；洋葱洗净后切片；红椒洗净去蒂去籽切片；姜洗净切片。❷锅中油烧热，下入泡椒粒、姜炒香后，放狗肉块，放入胡椒粉、盐炒匀。❸再下入洋葱片、红椒片炒熟即可。

红焖狗肉

材料 狗肉500克

调料 盐、红椒、香菜、料酒、生抽各适量

做法 ❶狗肉洗净，沥干切块；红椒洗净，沥干切块；香菜洗净切段。❷油烧热，下狗肉，调入料酒、生抽炒至变色，加入红椒和适量水焖至狗肉熟透。❸加盐调味，撒上香菜段即可。

芋儿狗肉

材料 狗肉500克，芋儿5个，红椒适量

调料 料酒、生抽、醋、鸡精、红油、八角、丁香、陈皮、姜、蒜、葱段各适量

做法 ❶狗肉切块；红辣椒切片；芋儿去皮。❷狗肉用沸水汆烫捞起。❸蒜、姜、葱段、八角、丁香、陈皮爆香后入狗肉，放调料炒匀后加入水和芋儿炖煮约半小时至熟烂，撒上葱段、红椒即可。

麻辣馋嘴兔

材料 兔肉500克

调料 葱段、盐、花椒、泡椒、生抽各适量

做法 ❶将兔肉治净，汆水；泡椒洗净。❷热锅下油，将兔肉略炒，捞起待用。❸留油在锅，下入花椒、泡椒、葱白段、生抽、盐，大火翻炒，加高汤浸没食材，旺火烧滚，下入兔肉，再改中火，烹熟即可。

霸王兔

材料 兔肉350克

调料 盐3克，味精1克，生抽、料酒各5克，花椒少许，干红椒100克

做法 ❶兔肉洗净，剁成块；干红椒洗净，切段。❷油锅烧热，放入干红椒爆香，下兔肉滑熟。❸烹入料酒，加入花椒翻炒，最后调入盐、味精、生抽即可。

炝锅仔兔

材料 兔肉400克，黄瓜适量

调料 盐3克，味精2克，酱油、干辣椒各适量

做法 ❶兔肉洗净，切块；干辣椒洗净，切段；黄瓜洗净，切块。❷锅中注油烧热，下干辣椒炒香，放入肉块炒至变色，再放入黄瓜一起翻炒。❸炒至熟后，加入盐、味精、酱油拌匀调味，起锅装盘即可。

歪嘴兔头

材料 兔头500克，榨菜、白芝麻各适量

调料 盐3克，酱油20克，料酒10克，葱白少许，干辣椒适量

做法 ❶兔头治净切块；葱白切段；干辣椒切圈。❷干辣椒炒香，兔头下锅翻炒，再放入榨菜、葱白、白芝麻炒匀。❸注入适量清水，倒入酱油、料酒炒至熟，调入盐拌匀，起锅装盘。

麻花仔兔

材料 带皮仔兔1只，小麻花50克，菜心50克

调料 泡红椒10克，干辣椒8克、郫县豆瓣适量、盐5克、料酒、淀粉、大蒜、姜各5克

做法 ❶蒜、姜切末；将仔兔宰杀洗净，斩成条，用盐、蒜、姜、料酒、淀粉腌入味，过油；菜心焯水。❷锅至火上，放油，加泡红椒等调味料烧至仔兔熟烂。❸将兔装盘，用菜心、小麻花围边点缀。

椒麻兔肉

材料 兔肉400克，蛋清，青椒、红椒各适量

调料 盐2克，生抽、醋、姜、葱花、花椒、蒜少许

做法 ①兔肉洗净切块，用盐、生抽稍腌后以蛋清上浆；青椒、红椒洗净切圈；蒜去皮拍碎。②油锅烧热，下兔肉滑熟，锅注入清水，放入青椒、红椒及花椒、姜、蒜烧开。③加入盐、生抽、醋调味，撒上葱花。

麻辣雀肫

材料 雀肫300克，包菜100克，芝麻50克

调料 盐2克，黄酒5克，葱、姜各5克

做法 ①雀肫焯水，取出洗净；葱洗净切末；姜洗净去皮切丁；将雀肫和黄酒、葱、姜、适量清水放入锅中用小火煮熟，捞出冷却。②包菜先用清水浸泡，再用开水烫过装盘。③雀肫中加入盐、芝麻拌匀，装盘即成。

跳水兔

材料 兔子1只

调料 盐3克，酱油15克，醋、红椒、葱各适量，青花椒40克

做法 ①兔子治净，汆去血水，斩块；红椒洗净，切碎；葱洗净，切花；青花椒洗净。②锅中注水，放入兔肉，再放入葱花、青花椒、红椒，用大火焖煮，调入盐、酱油、醋，拌匀即可起锅。

银杏炖鹧鸪

材料 银杏、生姜各10克，鹧鸪1只

调料 盐、鸡精各5克，味精、胡椒粉各3克

做法 ①鹧鸪治净，斩小块；生姜洗净切片。②净锅上火，鹧鸪入沸水中汆烫。③锅中加油烧热，下入姜片爆香，加入适量清水，放入鹧鸪、银杏煲30分钟后加入调味料即可。

豌豆鸽肉

材料 鸽肉、豌豆各200克

调料 干红椒圈20克，鸡蛋清30克，料酒、香油、酱油、盐、淀粉、葱段各5克

做法 ❶豌豆洗净，焯水后捞出；鸽肉洗净切丁，入碗，加盐、料酒、淀粉、鸡蛋清腌渍片刻。❷油锅烧热，放干红椒圈、葱段爆香，下鸽肉滑散，放豌豆同炒，调入酱油、香油炒匀即可。

香辣炒乳鸽

材料 乳鸽肉500克，贡菜段50克，熟芝麻适量

调料 红椒片50克，干红椒段、香菜段各30克，水淀粉10克，盐3克，酱油15克，蛋清8克

做法 ❶乳鸽肉洗净，切块，加入蛋清、水淀粉抓匀；油锅烧热，下红椒、干红椒爆香，放入鸽肉、贡菜同炒，淋上酱油，炒至乳鸽肉熟透上色。❷加盐、香菜、熟芝麻略炒即可。

椒盐乳鸽

材料 肥嫩乳鸽600克

调料 鸡汤300克，姜、椒盐、饴糖、白醋、桂皮、八角各适量

做法 ❶乳鸽治净；桂皮、八角、姜放入鸡汤内，烧制成白卤水，放乳鸽，熄火，浸泡。❷将饴糖、白醋调成糊，涂在乳鸽皮上，吹干；油锅烧热，放乳鸽炸至金黄色切块装盘，配椒盐食用即可。

韭菜酸豆角炒鸽胗

材料 韭菜100克，酸豆角80克，鸽胗150克，熟花生米50克，红辣椒30克

调料 辣椒油、生抽各15克，盐3克，味精5克

做法 ❶韭菜、酸豆角洗净，切段；鸽胗洗净，切块；熟花生米捣碎。❷油烧热，放鸽胗炒至八成熟，放入韭菜、酸豆角、红辣椒炒2分钟，放入辣椒油、生抽、盐、味精炒香即可。

腰豆鹌鹑煲

材料 南瓜200克，鹌鹑1只，红腰豆50克

调料 盐6克，味精2克，姜片5克，高汤适量，香油3克

做法 ❶ 将南瓜去皮、籽，洗净切滚刀块；鹌鹑治净剁块汆水备用；红腰豆洗净。❷ 炒锅上火倒入油，将姜炝香，下入高汤，调入盐、味精，加入鹌鹑、南瓜、红腰豆煲至熟，最后淋入香油即可。

鹌鹑桂圆煲

材料 鹌鹑2只，水发百合12克，桂圆6颗

调料 盐适量

做法 ❶ 将鹌鹑治净剁成块汆水；水发百合、桂圆清理干净备用。❷ 净锅上火倒入水，调入盐，下入鹌鹑、水发百合、桂圆煲至熟即可。

银杏炒鹌鹑

材料 银杏50克，鹌鹑150克，蘑菇丁、青红椒各80克

调料 盐6克，白糖1克，湿淀粉5克，麻油2克

做法 ❶ 鹌鹑取肉切丁，下少许盐、湿淀粉腌渍好；银杏去核取肉；青椒、红椒、蘑菇洗净切丁。银杏加清水浸过面，入蒸笼中火蒸至透身。❷ 油烧热，放入材料和调味料爆炒至干香，用湿淀粉勾芡，淋入麻油即可。

红烧鹌鹑

材料 鹌鹑2只，香菇50克，罗汉笋数片

调料 盐、白糖、酱油、香油、米酒、葱花、姜片各适量

做法 ❶ 鹌鹑洗净切成块，罗汉笋洗净切成条，香菇洗净切成片。❷ 起油锅，投入鹌鹑炸至变色。❸ 加入米酒、葱花、姜片、酱油、盐，加水适量，加盖焖烧，再放入香菇、罗汉笋、白糖，烧至入味，淋入香油，炒匀即可。